U0151248

广西优秀传统文化
出　版　工　程

"自然广西"丛书

# 奇石神韵

张士中　韩学龙　著

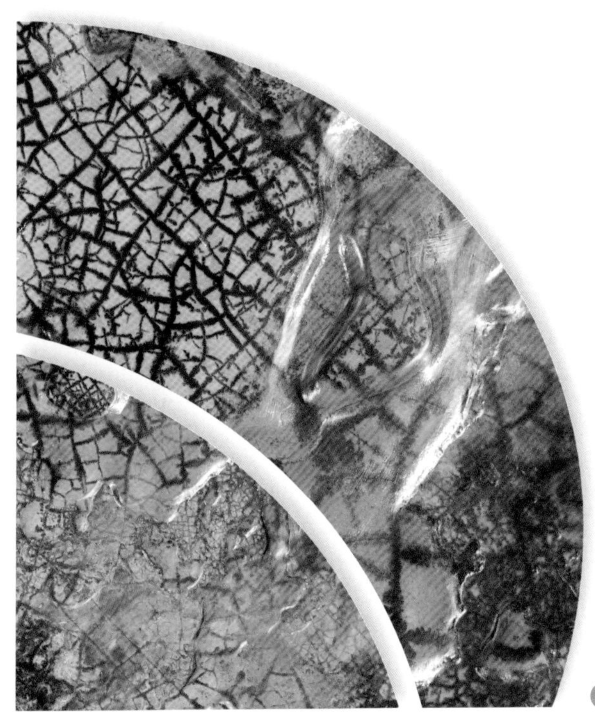

广西科学技术出版社
·南宁·

**图书在版编目（CIP）数据**

奇石神韵 / 张士中，韩学龙著 .—南宁：广西科学技术出版社，2023.9
（“自然广西”丛书）
ISBN 978-7-5551-1984-5

Ⅰ . ①奇… Ⅱ . ①张… ②韩… Ⅲ . ①石—鉴赏—广西—普及读物
Ⅳ . ① TS933.21-49

中国国家版本馆 CIP 数据核字（2023）第 173978 号

QISHI SHENYUN

奇石神韵

张士中 韩学龙 著

**出 版 人：** 梁 志
**项目统筹：** 罗煜涛
**项目协调：** 何杏华
**责任编辑：** 李宝娟 韦娇林
**装帧设计：** 梁 良 陈 凌
**美术编辑：** 韦娇林
**责任校对：** 盘美辰
**责任印制：** 陆 弟

出版发行：广西科学技术出版社
社 址：广西南宁市东葛路 66 号
邮政编码：530023
网 址：http://www.gxkjs.com
印 制：广西壮族自治区地质印刷厂

开 本：889 mm × 1240 mm 1/32
印 张：7
字 数：151 千字
版 次：2023 年 9 月第 1 版
印 次：2023 年 9 月第 1 次印刷
书 号：ISBN 978-7-5551-1984-5
定 价：38.00 元

# 总序

江河奔腾，青山叠翠，自然生态系统是万物赖以生存的家园。走向生态文明新时代，建设美丽中国，是实现中华民族伟大复兴中国梦的重要内容。

进入新时代，生态文明建设在党和国家事业发展全局中具有重要地位。党的二十大报告提出“推动绿色发展，促进人与自然和谐共生”。2023 年 7 月，习近平总书记在全国生态环境保护大会上发表重要讲话，强调“把建设美丽中国摆在强国建设、民族复兴的突出位置”，“以高品质生态环境支撑高质量发展，加快推进人与自然和谐共生的现代化”，为进一步加强生态环境保护、推进生态文明建设提供了方向指引。

美丽宜居的生态环境是广西的“绿色名片”。广西地处祖国南疆，西北起于云贵高原的边缘，东北始于逶迤的五岭，向南直抵碧海银沙的北部湾。高山、丘陵、盆地、平原、江流、湖泊、海滨、岛屿等复杂的地貌和亚热带季风气候，造就了生物多样性特征明显的自然生态。山川秀丽，河溪俊美，生态多样，环境优良，物种丰富，广西在中国乃至世界的生态资源保护和生态文明建设中都起到举足轻重的作用。习近平总书记高度重视广西生态文明建设，称赞“广西生态优势金不换”，强调要守护好八桂大地的山水之美，在推动绿色发展上实现更大进展，为谱写人与自然和谐共生的中国式现代化广西篇章提供了科学指引。

生态安全是国家安全的重要组成部分，是经济社会持续健康发展的重要保障，是人类生存发展的基本条件。广西是我国南方重要生态屏障，承担着维护生态安全的重大职责。长期以来，广西厚植生态环境优势，把科学发展理念贯穿生态文明强区建设全过程。为贯彻落实党的二十大精神和习近平生态文明思想，广西壮族自治区党委宣传部指导策划，广西出版传媒集团组织广西科学技术出版社的编创团队出版“自然广西”丛书，系统梳理广西的自然资源，立体展现广西生态之美，充分彰显广西生态文明建设成就。该丛书被列入广西优秀传统文化出版工程，包括“山水”“动物”“植物”3 个系列共 16 个分册，“山水”系列介绍山脉、水系、海洋、岩溶、奇石、矿产，“动物”系列介绍鸟类、兽类、昆虫、水生动物、远古动物、史前人类，“植物”系列介绍野生植物、古树名木、农业生态、远古植物。丛书以大量的科技文献资料和科学家多年的调查研究成果为基础，通过自然科学专家、优秀科普作家合作编撰，融合地质学、地貌学、海洋学、气候学、生物学、地理学、环境科学、历史学、考古学、人类学等诸多学科内容，以简洁而富有张力的文字、唯美的生态摄影作品、精致的科普手绘图等，全面系统介绍广西丰富多彩的自然资源，生动解读人与自然和谐共生的广西生态画卷，为建设新时代壮美广西提供文化支撑。

八桂大地，远山如黛，绿树葱茏，万物生机盎然，山水秀甲天下。这是广西自然生态环境的鲜明底色，让底色更鲜明是时代赋予我们的责任和使命。

推动提升公民科学素养，传承生态文明，是出版人的拳拳初心。党的二十大报告提出，“加强国家科普能力建设，深化全民阅读活动”，“推进文化自信自强，铸就社会主义文化新辉煌”。“自然广西”丛书集科学性、趣味性、可读性于一体，在全面梳理广西丰富多彩的自然资源的同时，致力传播生态文明理念，普及科学知识，进一步增强读者的生态文明意识。丛书的出版，生动立体呈现八桂大地壮美的山山水水、丰盈的生态资源和厚重的历史底蕴，引领世人发现广西自然之美；促使读者了解广西的自然生态，增强全民自然科学素养，以科学的观念和方法与大自然和谐相处；助力广西守好生态底色，走可持续发展之路，让广西的秀丽山水成为人们向往的“诗和远方”；以书为媒，推动生态文化交流，为谱写人与自然和谐共生的中国式现代化广西篇章贡献出版力量。

“自然广西”丛书，凝聚愿景再出发。新征程上，朝着生态文明建设目标，我们满怀信心、砥砺奋进。

# 读懂奇石物语

探索壮美广西

共赏八桂奇石

# 目录

微信 / 抖音扫码

# 综述：地球的礼物，自然的瑰宝

以水冲石为代表的广西奇石，需要三个形成条件：一是必须具有形成奇石原岩的地质条件，包括出露岩层的岩性、地壳运动、火成活动等内因；二是要有形成奇石的地理环境，如河流水流湍急、落差大等；三是拥有九曲十八弯的河道及能够留住岩块的河床，否则岩块就直接被冲刷入海，成为沙粒了。

以红水河为代表的众多广西奇石产地，正是同时满足以上三个条件的地质奇迹，所以赏石界才有“广西奇石甲天下”的说法。广西位于我国南部，地处华南准地台的西南部，各时代地层发育齐全、岩石出露良好，沉积类型多样，岩浆活动频繁，构造运动多期且复杂，造就了广西丰富的矿产资源，也为各类观赏石的形成提供了十分有利的基础地质条件。此外，河流遍布八桂大地，特别是红水河，它自西北流向东南，是一条非常神奇的观赏石之河，孕育了广西丰富的观赏石资源。

广西观赏石有岩石类（造型石类、图纹石类、色质石类）、矿物晶体类、特种石类和化石类，其中以造型石类为主。

岩石类
- 造型石类 大化彩玉石、大化摩尔石、大化梨皮石、龙滩彩玉石、彩陶石、合山摩尔石、合山包卷纹石、北丹石、来宾水冲石、来宾卷纹石、来宾石胆石、来宾黑珍珠、三江蜡石、三江青石、武宣摩尔石、武宣金纹石、桂平石、岑溪黄石、岑溪黑石、昭平黄金卷纹石、昭平虎皮石、邕江石、运江石、幽兰石
- 图纹石类 桂平石（部分）、天峨石、国画石、红线石、菊花石、棋盘石、彩霞石
- 色质石类 大化玉、贺州玉、鸡血玉、南流江玉、金砂玉、昭平彩玉、平安玉

矿物晶体类 磷氯铅矿、方解石、萤石、菱锰矿、辉锑矿、水晶、层解石

特种石类 南丹铁陨石

化石类 鸮（xiāo）头贝化石

广西观赏石分类

广西的石文化历史悠久。在广西的右江、邕江、红水河等流域发现大量的旧石器时代和新石器时代的各种石器，在南北朝和唐、宋、元、明、清时期广西也均有开发观赏石的记载。1974年，广西选送了部分观赏石参加在广州市举行的中国进出口商品交易会，广西奇石开始登上展览的舞台。

广西观赏石开发的初期，以园林石为主，即广西墨石，俗称南太湖石，符合“瘦皱漏透”等观赏要素。

到20世纪80年代初，陆续发现一些新石种，如在红水河天峨段发现天峨石，继之在红水河合山段发现彩陶石（最初称马安石），以及在来宾市发现来宾石、大湾石；80年代中后期，发现小型大化彩玉石。90年代初，发现三江石；90年代中期，开发出大量大化彩玉石。广西共开发出53个石种，其中有不少扬名海内外。

广西观赏石最集中的分布区首先是在西北部的红水河流域，产出大化彩玉石、摩尔石、合山彩陶石（系列）、北丹石、来宾石（系列）、大湾石、天峨石、龙滩彩玉石、国画石等10余种观赏石；其次是在龙胜的三门河流域及三江的斗江河、寻江流域，产出鸡血玉、三江水彩玉等；再次是在贺州的贺江、里松河、思勤江、桂江流域，产出贺州玉、平安玉、昭平彩玉等；最后是在西部的右江，西南部的邕江，南部的南流江，东南部的黄华河、三堡河等流域，均有石种产出。

有位赏石名家总结的一句话值得玩味：对于水石来说，前世由天，后世由水，水是它最终的缔造者。红水河在八桂大地上奔腾流淌了千万年，产自红水河流域的各石种在赏石界可谓无人不知、无人不晓。红水河拥有的特殊地质地理环境，使其天峨至大湾河段产出10余种为世人瞩目的高品位奇石，构成了红水河奇石系列，这在全国乃至世界都极其罕见，红水河也因此成为石友们心中的“圣河”。当年大化彩玉石一亮相，便因质地优良、色泽亮丽、藏量丰富而让石友们惊叹不已。红水河的合山至来宾市兴宾区河段也是石种众多，彩陶石的天然釉彩、古朴典雅，以及来宾水冲石的千姿百态、来宾卷纹石的流畅线条，都让人不由得赞叹大自然的鬼斧神工。产自黔江流域的国画石，俗称草花石，属图纹石类，石上呈现的画面可谓浑然天成，仿佛天工神画，有的似花草鱼虫，有的似泼墨山水，有的线纹清秀如细腻工笔画，有的色块斑斓如抽象油画。

产自寻江流域三门镇一带的鸡血玉，色泽艳丽，光彩夺目，经抛光后灿若朝霞，呈现夺人心魄之美，现已成为桂林的旅游“土特产”。鸡血玉以色见长，色彩丰富，玉化程度高，光华内敛，散发出一种年代久远、底蕴深厚、沉稳练达的气韵。

中国人历来钟爱的红黄色彩，在产自右江流域的红线石上得到完美体现。凝聚了千年时光之美、产自南流江流域的南流江玉具有翡翠的种、和田玉的润、玛瑙的色，色、质、润泽度甚佳，多彩艳丽，珠光宝气，被人称为“海上丝绸之路的精灵”，可作为奇石观赏，也可雕琢成玉镯等饰品。

产自贺江、思勤江流域的贺州玉，其代表石种是荔枝冻，光从这个称谓就可感受出它的晶莹和润泽。

此外，昭平、思勤江、桂江流域的昭平黄金卷纹石，黄华河流域的金砂玉，三堡河流域的岑溪黄石，邕江流域的邕江石和石器，恭城河流域的平安玉，柳州三门江流域的棋盘石，都各具特色，令人过目难忘。

广西各河流流域中，还蕴藏着丰富的宝玉石、矿物晶体、化石和陨石资源。大化玉，属透闪石软玉，被权威专家称为红水河里的“和田玉”，其极品籽料可与新疆和田玉媲美。矿物晶体，如桂西各地的水晶、恭城磷氯铅矿、环江红色方解石、梧州市梧桐矿产出的菱锰矿，以及南丹辉锑矿、武宣鸮头贝化石、南丹铁陨石等，或润泽，或艳丽，或神秘莫测，能够满足人们的猎奇心理及审美习惯，极具观赏价值。

为对广西观赏石进行全面展示，本书收录了广西各类观赏石的图片，图片说明文字中的规格统一按照长、高、厚的顺序标注；如为组石，则多个规格以从前往后、从左至右为顺序。

广西的观赏石除销往全国各地外，还销往日本、加拿大、韩国、马来西亚等多个国家。

物以稀为贵，奇石作为大自然花费亿万年时间创造出来的作品，是一种在短期内不能再生的天然资源，我们应倍加珍惜。广西的奇石资源和桂林山水一样，都是大自然对我们人类的慷慨馈赠。

# 红水河流域

红水河位于广西西北部，蜿蜒向东穿大化县境而过，流域内高山低谷，峰丛密布。有这样一首民谣：“红水河有三十三道弯，三十三道弯又有三十三个滩。”唱的就是广西红水河地势高、水流湍急、弯道多的自然地理环境特点。

红水河天峨至大湾河段，产出大化彩玉石、大化摩尔石、大化玉、彩陶石、来宾石、北丹石、大湾石、国画石、方解石、南丹辉锑矿、鸮头贝化石、南丹铁陨石、菱锰矿晶体等10余种为世人瞩目的高品位奇石，构成了红水河奇石系列，这在全国乃至世界都罕见，有赖于其特殊的地质地理环境。

红水河流域地处华南准地台西南部，各时代地层发育齐全，沉积类型多，变化殊异，火成活动多期，满足地层岩石蚀变条件，且硅化程度高，有利于形成各种类型的奇石；加上红水河流量大、落差大，水流对石体冲刷力强，使石体有良好的水洗度，能形成润泽的石肤，有利于岩石破碎后形成各种形态。

# 大化彩玉石：石破天惊

大化彩玉石是广西红水河奇石的典型代表，也是全国水石类观赏石的典型石种，用“空前绝后”“石破天惊”来形容都不为过。

1992 年冬，一个来宾人在岩滩发现了因建设电站而被挖掘遗弃在路边的石头，这些石头中就有大化彩玉石。后大化彩玉石慢慢被采集。1997 年，大化彩玉石开始被大规模打捞，可惜在当时以赏“形”为主的石市中，因其“形”不突出，并没有得到太多的关注。直到 1999 年的柳州石展，一件件质地温润、石肤光洁、色彩艳丽的大化彩玉石惊艳亮相，才终于得到赏石界的重视。2003 年，大化彩玉石“烛龙”的面市更是大大提升了大化彩玉石的知名度。此后，在每年的国际及国内各地举办的石展中，大化彩玉石都是不可或缺的重要角色，没有大化彩玉石参加的石展，其观赏性和权威性都会大打折扣。

大化彩玉石是我国开发较早的水石类观赏石，主要产于红水河流域大化瑶族自治县北景镇—岩滩镇—古河乡河段，包括岩滩水电站库区及岩滩、那定、古龙、吉发、平台、江南、古河等河段。因其质地优良、色泽亮丽、藏量丰富，我国众多石馆、观赏石博物馆基本上都

大化彩玉石，题名“烛龙”，180 厘米 ×108 厘米 ×45 厘米。金黄色的石皮，玲珑剔透的浮雕，栩栩如生的造型，像是天外来客；全身金红色，通体圆润光滑，在阳光照耀下五彩斑斓

有收藏，东南亚一带的收藏家也有收藏。大化彩玉石始称岩滩石、大化石。近 10 多年来，在红水河及百色右江流域发现大量新石器时代、旧石器时代的石器，其用料有相当数量是大化彩玉石。

大化彩玉石是基性火成岩与碳酸盐岩接触蚀变的产物，具透闪石化。主要组成矿物有透闪石、阳起石、石英、方解石，含少量透辉石、斜长石、滑石、绢云母、绿泥石、榍石、褐铁矿、绿帘石。色彩丰富，有褐黄、金黄、棕红、深褐、枣红、浅绿、碧绿、灰白等颜色，其中以金黄、枣红、碧绿等“富贵色”为上品。质地坚硬细腻，莫氏硬度为 5～7 度，微晶结构及隐晶质结构，玉化程度高；石肤细腻细润，水洗度佳，有瓷器釉面的厚重质感；形状饱满厚实；纹理别致，有草花纹、虎皮纹、哥窑纹等，尤以金黄间草花纹为贵。体积有大有小，有重达百吨的巨型石，也有几十千克的标准石，甚至还有小到几十克的手把件，可谓“院里山河，案上乾坤，掌中小品”，应有尽有。大化彩玉石兼具玉的光华细润、瓷的高贵典雅、金的辉煌灿烂等，可以毫不夸张地说，大化彩玉石集齐了国内大部分观赏石的优点，更有其他石种少有的浮雕式图案，难怪有人将大化彩玉石称为“水石之王”。

大化彩玉石局部，此石经冲洗，皮色较好，颜色为“虎皮色”；浮雕、线条自然流畅，有着人工难以做到的细腻变化；石面有微妙的起伏，色彩相互渗透，还有润泽明亮的天然“釉面”，石肤上有天然的气孔

大化彩玉石，题名“荷”，12厘米×14厘米×8厘米。此石石形饱满，一朵荷花跃然而出；质地如玉似瓷，颜色金黄，珠圆玉润，石皮为黄底黑纹，属难得的虎皮草花

大化彩玉石，题名“秋”，25厘米×10厘米×5厘米。此石石肤温润如脂，富有光泽，层理变化有序，纹理清晰而独具韵味，呈现迷人的秋日风景；其玉化的质地与丰富的色彩为主要观赏要素

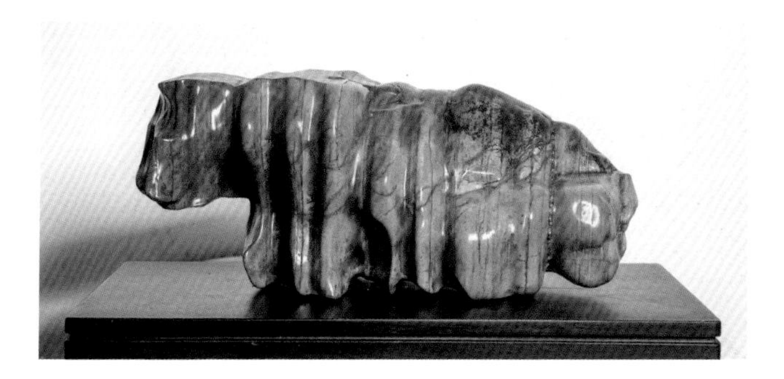

大化彩玉石，题名“孺子牛”，31厘米×12厘米×12厘米。大化彩玉石的地理成因决定了其形状多为层叠块状，大多数石形都是简单的不规则方形或不规则圆形，少有奇形怪状，像人物、动物造型的更为稀少；此石形似一头俯首劳作的老牛，表现出该石种的造型之美

大化彩玉石，题名“期待”，30 厘米 ×46 厘米 ×13 厘米。瓷白色石体和深褐色浮雕形成强烈的反差；浮雕线条流畅，勾勒出一个女子的倩影，像安徒生笔下《海的女儿》中的小美人鱼，在礁石上孤独地眺望着远处大船上的王子，心怀期待

大化彩玉石，题名“神兽”，16厘米×13厘米×6厘米。金黄色的石体和瓷白玉化的浮雕形成反差；浮雕如一只神兽，腾云驾雾，憨态可掬

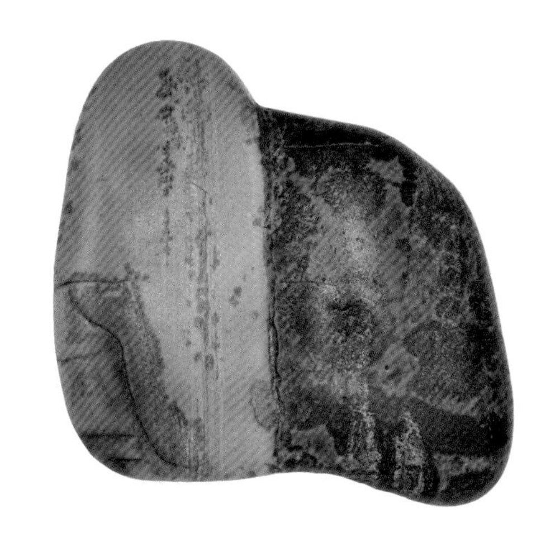

大化彩玉石，题名“宋韵”，13厘米×10厘米×4厘米。此石左半部分为金黄色，右半部分为黄褐色，左右界限明显，仿佛精心设计过一般；左边是诗人站在山巅之上的观海图，还有两列斑纹，似挥毫飘逸的题诗悬在天边；右边是清新典雅的花鸟图案，极尽宋代绘画的物态之美

大化彩玉石原岩，主要是受火成活动影响，接触蚀变的变质岩。距今约 2.6 亿年的二叠纪晚期，海相沉积了碳酸盐岩（石灰岩、白云质灰岩和硅质岩）；成岩后在火成活动下，因辉绿岩入侵二叠系岩层而受到接触变质作用，在辉绿岩接触蚀变带后，原岩碳酸盐岩或硅质岩形成石英透闪石岩、透闪石石英岩、含透闪石方解石大理岩及石英硅质岩，也形成透闪石脉（透闪石软玉）；原岩经长期风化剥蚀，破碎进入河中，受流水的冲蚀及水中矿物质的浸润，便形成珠光宝气的大化彩玉石。因大化彩玉石的原岩含多种矿物质，自色及矿物离子致色作用使大化彩玉石色彩丰富。而原岩多因透闪石化或已形成石英透闪石岩，玉化程度高，流水冲蚀和浸润使石质致密细腻，故石体显出温润光泽。

大化彩玉石的原岩

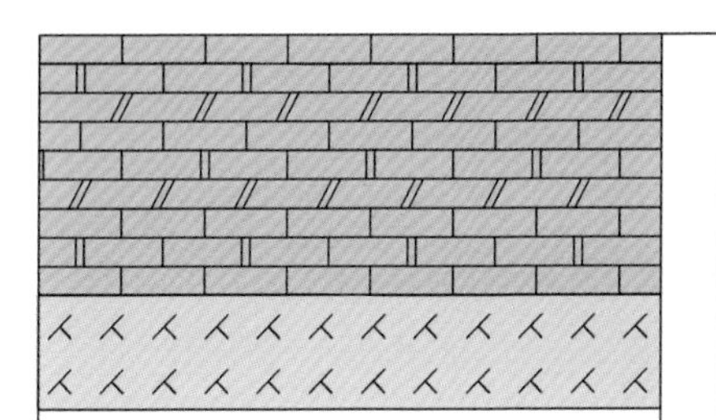

1. 沉积作用形成石灰岩、白云质灰岩、硅质岩。

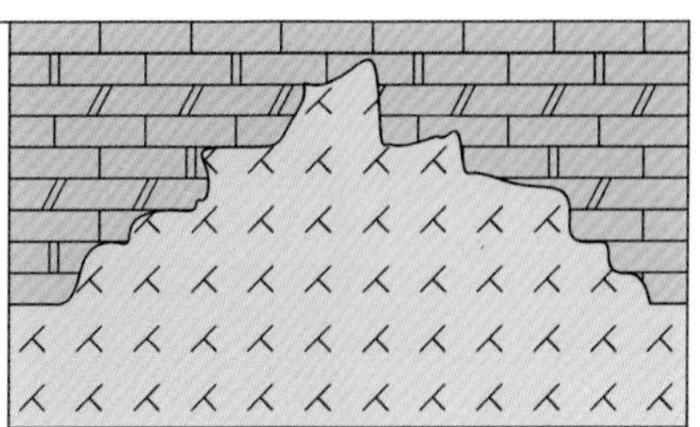

2. 辉绿岩入侵二叠系栖霞组石灰岩、白云质灰岩、硅质岩地层中。

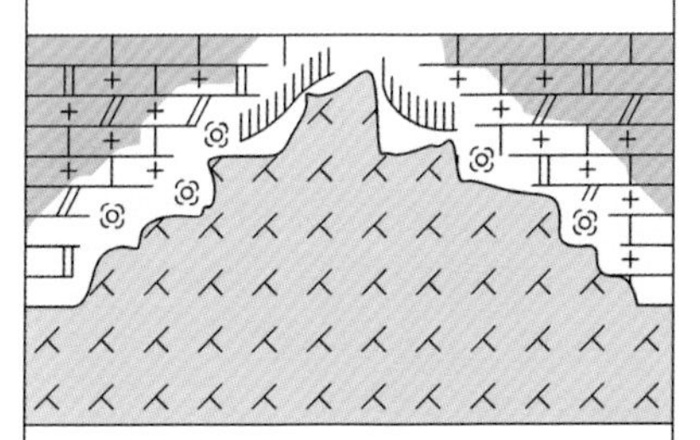

3. 辉绿岩侵入，使围岩受到硅化、大理岩化、透闪石化而受到接触蚀变作用。

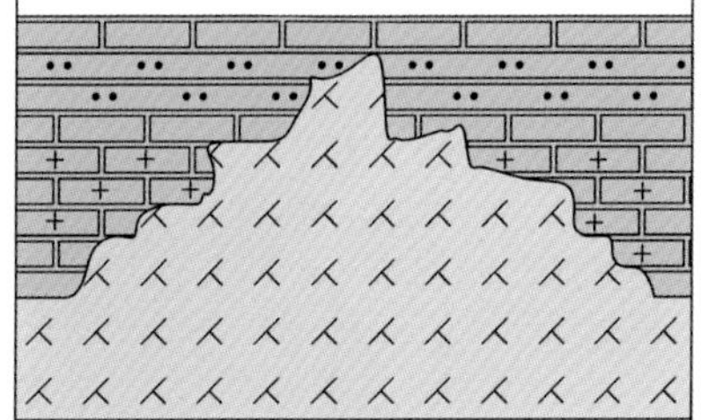

4. 辉绿岩侵入，使二叠系栖霞组岩石受到接触蚀变作用，形成石英透闪石岩、透闪石石英岩、石英硅质岩、含透闪石方解石大理岩、透闪石软玉等。

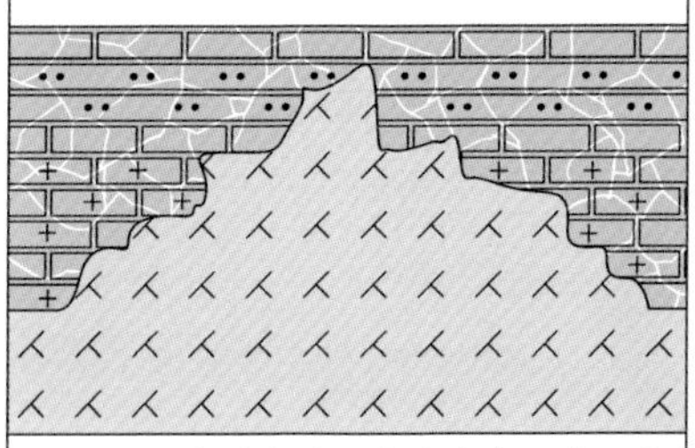

5. 已经蚀变的岩层，由于地壳运动、风化作用，破碎成不同形体的石块，后滚下山坡并在自然的外力搬运下来到河中，形成大化彩玉石原岩。

6. 破碎的石块滚入红水河中，受流水冲蚀及在富含矿物质的水中浸润，形成形态各异的石体。

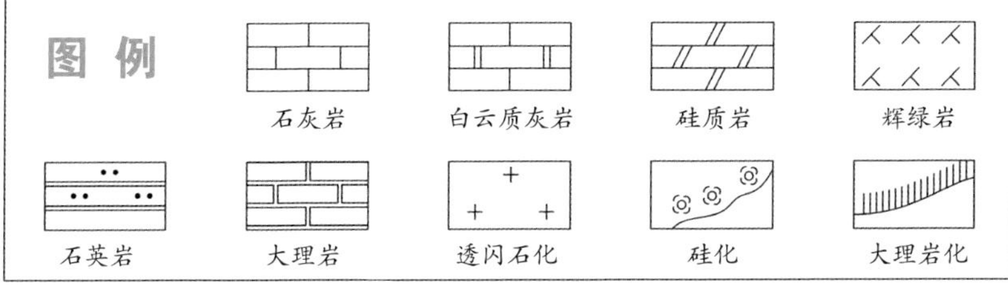


大化彩玉石形成图（张士中设计，田稚珩绘制）

大化彩玉石，题名“太上老君”，15 厘米 ×20 厘米 ×12 厘米。此石仿佛道教三清尊神之一太上老君，右手抚须，左手指天，“霸气侧漏”；质地光洁玉润，纹理丰富，造型具象

大化彩玉石，题名“沙皮狗”，23 厘米 ×23 厘米 ×11 厘米。此石质地坚硬，硅化程度高，纹理清晰自然，浮雕深浅不一，仿佛一只皮肤布满褶皱、憨态可掬的金黄色沙皮狗，充分展现了大化彩玉石浮雕和线条交错之美，韵味十足

大化彩玉石，题名“桂林山水”，7 厘米 ×6.5 厘米 ×5.5 厘米。此石玲珑，工整如骰；精巧的六面图案都酷似桂林的水墨画，山围绕着水，水倒映着山，空中云雾迷蒙，江上竹筏小舟，宛如舟行碧波上、人在画中游的意境

大化彩玉石，题名“象鼻山”，18 厘米 ×13 厘米 ×4.5 厘米。此石形似桂林象鼻山，白玉质地，金黄色的象鼻卷入水中；具有玉化之美，石肤温润如脂，透着如瓷器釉面般的细腻质感

大化彩玉石，题名“花旦”，10 厘米 ×18 厘米×4 厘米。此石酷似京剧花旦的半边脸，妩媚娇俏，眉毛上方是透闪石成分的浮雕，如钻石般熠熠生辉；还有一根橘红色的羽毛状浮雕，如点睛之笔

大化彩玉石，题名“问道”，9 厘米 ×16 厘米 ×4 厘米、7 厘米×15 厘米 ×3 厘米、15 厘米 ×22 厘米 ×8 厘米、30 厘米 ×32 厘米 ×6 厘米、12 厘米 ×28 厘米 ×7 厘米。前排左边人物微微俯首，耐心专注，右边人物聚精会神，虔诚谦恭，二人神态迥异，栩栩如生，仿佛在谈经论道；背景是由“枫叶”“虎皮”“秋意”等三方大化彩玉石组合成的山水画卷，人与自然完美融合

大化彩玉石，题名“狐媚”，34厘米×25厘米×17厘米。此石于大化瑶族自治县岩滩镇协合村那定屯河段出水；石肤的深红色“釉面”光滑滋润如玉；一弯金黄色的月牙，恰似媚眼如丝，微微噘起的嘴巴和两只耳朵，像极了《聊斋志异》里的狐狸

大化彩玉石，题名“虎符”，11厘米×11厘米×8厘米。此石于大化瑶族自治县岩滩镇—古河乡河段出水；色彩斑斓绚丽，上方宛如卧着一只金红色的老虎，眼睛、嘴巴乃至牙齿都清晰可见，目光炯炯，不怒自威，一抹翡翠绿的俏色点缀其中

大化彩玉石，题名“玉猪龙”，18 厘米 ×11 厘米 ×5 厘米。此石突显了大化彩玉石的浮雕之美，首尾浮雕图案都酷似红山玉器中的玉猪龙（玉兽玦）

大化彩玉石，题名“米芾（fú）拜石”，16.5 厘米 ×10 厘米 ×5.5 厘米。赏石人喜欢引用米芾拜石的典故：米芾爱石，到了如痴如癫、无以复加的地步，作为石痴，他整日醉心于品赏奇石；一次，他见衙署内有一立石十分奇特，高兴得大叫起来：“此足以当吾拜。”于是命左右之人帮他换了官衣官帽，手握笏板跪倒便拜；此石人石同框，仿佛还原了米芾拜石的场景，颇具妙趣

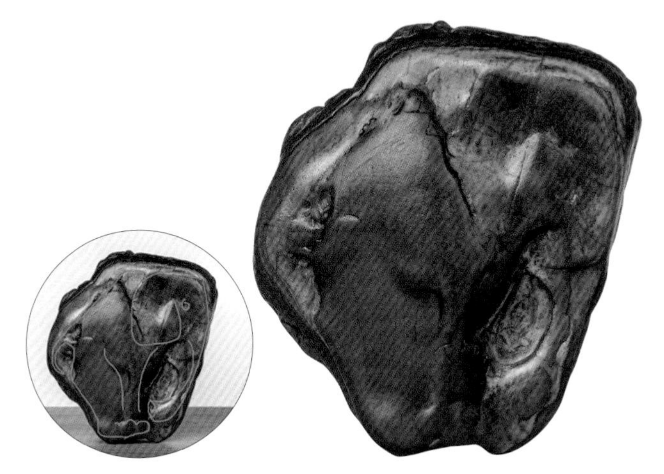

大化彩玉石，题名“象山水月”，15 厘米 ×16.5 厘米 ×4 厘米。此石金黄色的石体上，有一幅反差明显的深褐色浮雕图案：一只大象，有着蒲扇耳和小短尾，其象鼻、象牙和象腿构成一个环，仿佛一弯月

产自岩滩水电站下游约 50 千米红水河古河乡河段的小大化彩玉石，不仅质地、纹样和石肤等优质，而且石体形态多变，弥补了大化彩玉石形态不善变化的不足，为人物、动物、器皿、景观等象形类及图纹类观赏石艺术创作提供了素材。

在我国传承数千年的赏石文化发展过程中，人们对石头的美学认知归纳起来就两个字：怪、丑。宋代大文豪苏轼说过：“石文而丑，一丑字，则石之千态万状皆从此出。”同时代的书法家米芾更为石头定下了“瘦皱漏透”的美学原则。这两个美学原则一直延续到了今天，丑中见雅、丑中寻秀这一朴素辩证思想一直占据着赏石文化的主流，亘古千年，未曾被打破。专家猜测，其中的关键原因：一是受制于当时的采捞技术，几十米深的水下奇石一直藏在“深闺”中而人未知；二是盛产精美奇石的河流，多集中在广西、贵州等偏远地区，自然难以青史留名。直至大化彩玉石的出现，才使得传承了千年的传统赏石标准有了焕然一新的内涵及更加广博的界定，使形、色、质、纹、韵的审美标准成为新时代的赏石主流。

对大化彩玉石石器的考古研究尚未正式进行，不少器物已悄然流失。据爱好文物收藏研究的石友分析，这些石器的制作年代应为新石器时代中晚期，大化地区的赏石文化应可追溯到新石器时代中晚期。

令人欣慰的是，一批体积大、品相极佳的大化彩玉石仍然留存在大化瑶族自治县当地收藏家手中。

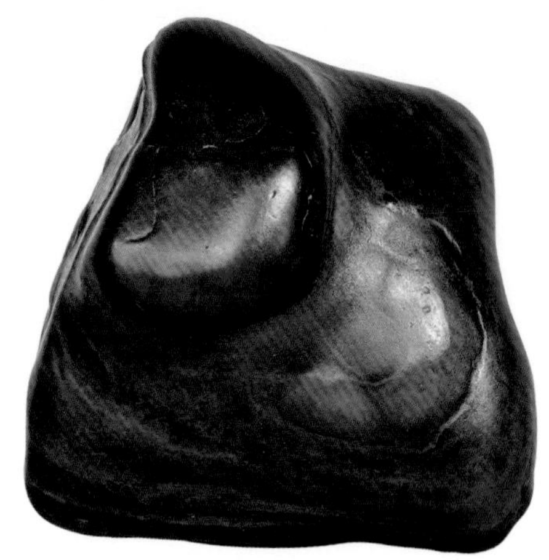

大化彩玉石，题名“日月辉映”，16厘米×16厘米×8厘米。此石左边浅红色和金黄色的石皮，烘托出一个浓墨重彩的饱满红色浮雕，似一轮东升红日；右边则是一弯黄绿色新月；日月同辉，妙趣横生

大化彩玉石，题名“山水”，10 厘米 ×13 厘米 ×4 厘米。淡黄色的石体、银白色的浮雕，勾勒出一幅古意山水画卷

大化彩玉石，题名“猫头鹰”，11 厘米 ×13 厘米 ×5 厘米。此石为瓷白胎底，辅以草花图案晕染；“猫头鹰”通体羽毛为灰褐色，毛上散落点缀着浅色的细小斑纹，黄色的眼睛凝视前方

大化彩玉石，题名“夜静春山空”“元宝”“林深见鹿”，13.5 厘米 ×18 厘米×3.5 厘米、20 厘米 ×12.5 厘米×9 厘米、21 厘米 ×11 厘米 ×3.5 厘米。此组石为瓷白系列，色泽瑰丽绚烂，石肤温润如脂、光洁润滑，透着瓷器釉面般的厚重质感，华贵典雅；前面石上的图纹为一个垂钓之人，在潭边挥舞钓竿；中间石上的图纹为一块饱满的银元宝；后面石上的图纹为一只正在跨越溪流的梅花鹿

大化彩玉石，题名“家园”，23 厘米 ×11 厘米 ×6 厘米。酒红色的石体上，错落着上下两排金黄色浮雕，点缀黑色条纹，如同栅栏，守护着一个“田园之梦”

大化彩玉石，题名“关公”，9 厘米 ×16 厘米 ×3.5 厘米、8 厘米 ×17 厘米 ×6 厘米、9 厘米 ×16 厘米 ×4 厘米、17 厘米 ×31 厘米 ×8 厘米、5.5 厘米 ×16 厘米 ×7 厘米。右二为此组石的主石，属典型大化彩玉石，具黄、红、黑三色，酷似美髯公关羽，戴着头巾，手抚美髯，身躯挺拔

大化彩玉石，题名“脸”，17 厘米 ×13 厘米 ×5 厘米。其“眼球”为透闪石成分，牙齿、鼻子、嘴唇均惟妙惟肖，令人惊叹于大自然的鬼斧神工

来宾卷纹石（左）、大化彩玉石（右），题名“佛与魔”，14.5 厘米 ×11 厘米 ×5 厘米、12 厘米 ×18 厘米 ×6 厘米。左石酷似奇幻小说《冰与火之歌》里的异鬼；右石则似一尊平和庄严的佛头

大化彩玉石，题名“向往”，28 厘米 ×16 厘米 ×6 厘米。此石线条流畅，石皮滑润，颜色丰富，金黄色与朱红色的主色调将此石装点得典雅高贵，造型整体呈蓬勃向上的态势，洋溢着生命的激情

大化彩玉石，题名“招财龟”，9 厘米 ×11 厘米 ×9.5 厘米。此石石体为金黄色，遍布深色条纹，形似一只金黄色的招财龟，体现大化彩玉石的精巧趣致之美

大化彩玉石，题名“诵经”，7厘米×17厘米×10厘米。一名僧人低头诵经的剪影被镶嵌在浮雕图案的背景内，诗意和古意喷涌而出

大化彩玉石，题名“残荷甲虫”，19厘米×18厘米×5厘米。此石呈现国画的诗意之美：枯黄的荷叶下，一只金黄色的小甲虫正在藤上攀爬；画面布局精妙，有主有次，虚实结合

大化彩玉石，题名“抱狗的女人”，16.5厘米×17厘米×6厘米。此石石体为沉稳的暗绿色，一尊浮雕跃然而出，像印象派画家笔下的贵妇图：一名戴着黄色帽子、抱着小白狗的贵妇，坐姿婀娜，目视前方，腿部线条清晰而逼真

大化彩玉石，题名“仕女”，9厘米×16厘米×3厘米。此石石体上的图纹似一名唐代仕女，朦胧含蓄；服饰具有唐代风情，飘逸华丽；整个人物的形象刻画十分细腻，看上去娴静典雅，又显雍容富态

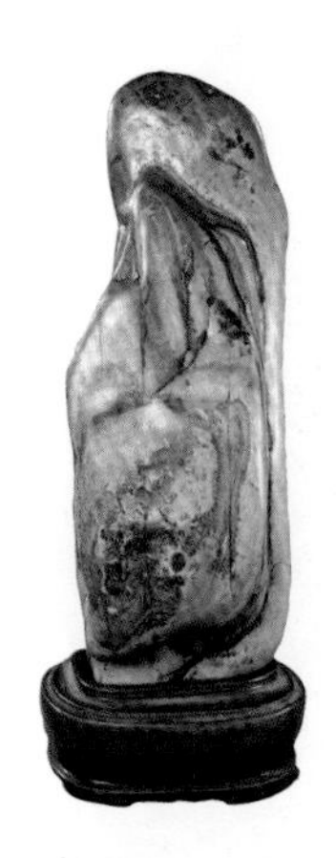
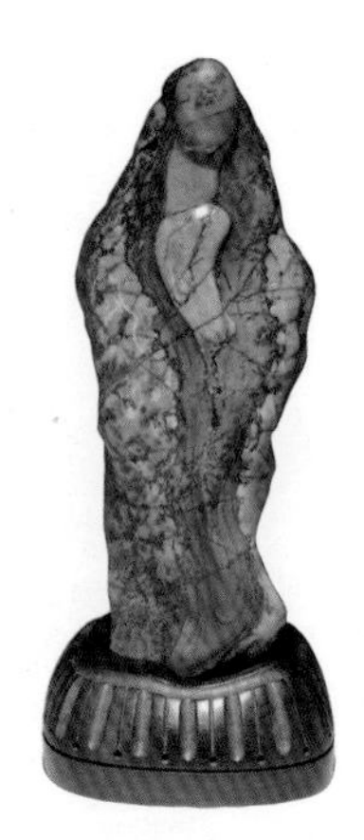

大化彩玉石，题名“观音系列”，8 厘米 ×26 厘米 ×8 厘米、9 厘米 ×25 厘米 ×9 厘米、12 厘米 ×22 厘米 ×6 厘米。此组石形似观音，神态多样；质地光洁玉润，色彩丰富

大化彩玉石，题名“田园”，6 厘米 ×12.5 厘米 ×4 厘米。此石为大化玉籽料，光洁润泽，图纹清晰；天上飘着白云，远方的绿树、山坡上的家园，一一映入眼帘

大化彩玉石，题名“乾坤”，15 厘米 ×14 厘米 ×3 厘米。此石为石器，器形完整、质地细腻、玉化度高，具有纹样清晰和石肤包浆浓郁等特点

大化彩玉石，题名“中国青花”，17 厘米 ×23 厘米 ×6 厘米。此石似青花瓷，拥有优雅悦目的蓝灰色调，“釉面”有错落的散晕斑点，仿佛水墨画的墨晕，如梦如幻

大化彩玉石，题名“牧羊图”，12 厘米 ×7 厘米 ×3 厘米。浅浅的浮雕，仿佛一大群绵羊，在牧羊人的守护下休憩于草场

大化彩玉石，题名“和谐”，4.6 米 ×3.6 米 ×1.6 米。此石布满沟壑，一条“河床”流向远处，它的前方出现一道“瀑布”，似乎要把河水引向地心；“河床”左边小部分为褐黄、棕红、橘红等深色石肤，右边大部分则是浅绿、银黄、陶白等浅色石肤，色彩斑斓，整体画面颜色和谐，有光滑如脂的水洗度

大化彩玉石，题名“天龟”，195 厘米 ×120 厘米 ×72 厘米。此石似一只乌龟，整体比例适中，石体上的卷纹浮雕比较罕见，龟眼、龟嘴趣致灵动

大化彩玉石，题名“虎震山林”，140 厘米 ×45 厘米 ×110 厘米。此石宛如当代艺术家韩美林笔下的卡通老虎，朝天而啸；造型略微夸张，但得其神韵

经过广泛调研，有专家推测出目前大化彩玉石已开采（打捞）25000 吨左右，产地尚有 15000 ～ 20000 吨的储量。因某些河段的“V”形沟底存在泥沙堆积，或是因坝区上游水库水深超过百米，现在的潜水设备无法企及，故这些现有储量的大化彩玉石仍保存完好，原封不动地存于水底，尤其是岩滩水电站上游水库的两岸河床还是打捞“处女地”，可以预见其水下精品数量之多。精美的珍宝仍然沉睡水底，这是一个鼓舞人心的消息。现在，大化彩玉石影响力越来越大，知名度越来越高，在红水河流域乃至全国奇石圈都属罕见。

大化彩玉石是第一个通过评审的国家代表性石种。2023 年，自然资源部审定并通过了《大化彩玉石》鉴评标准，待正式发布，将作为我国地质矿产行业标准。

# 摩尔石：穿越时空的“雕塑”

2001 年 11 月，在深圳市宝安区举办的第二届全国藏石珍品大展上，一方命名为“摩尔少女”的红水河磨刀石（即摩尔石），以其线条的优美和块面构成的抽象之美，吸引了人们的关注，并在展会上获得了金奖。这也是当时唯一参展的一方磨刀石（当时石种名为广西水冲石），这个命名多少带有些调侃的意味，因为相比红水河流域其他优秀的水冲石，如大化彩玉石、彩陶石、来宾黑珍珠、来宾卷纹石等，它既无亮丽的色彩，也无玉质感的“宝气”，更无凹凸有致的褶皱纹理，水洗度也欠佳，甚至有些手感粗糙，没有皮壳……

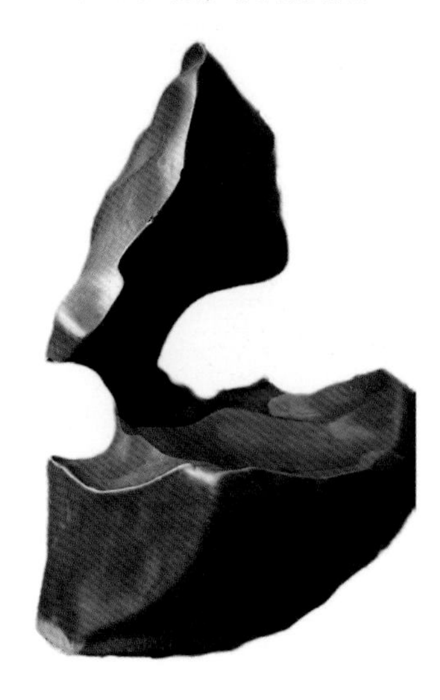

摩尔石，题名“摩尔少女”，94 厘米 ×150 厘米 ×80 厘米

2001 年的这次亮相，让磨刀石的档次瞬间提升了不少，磨刀石的艺术审美价值被越来越多的赏石界有识之士认可。从 2004 年开始，磨刀石的名字渐渐被摩尔石所取代，其市场价值也水涨船高。摩尔石的命名可谓化腐朽为神奇的点睛之笔。

摩尔石的命名源自英国现代雕塑大师亨利·摩尔的名字，因为天然形成的摩尔石与亨利·摩尔的雕塑作品十分相近，给观赏者无限遐想，有时空穿越之感。此前我国的观赏石命名都是以产地命名为主，而用一个外国雕塑师的名字来给石种命名极为少见。从另一侧面来说，摩尔石的命名是赏石界呼吁赏石向造型艺术价值回归的声音，也是要将赏石向美术界及主流社会推广普及，以求认同的一种姿态。

摩尔石，题名“吉象”，230 厘米 ×200 厘米 ×80 厘米。此石抽象简约，线条流畅，像一头威风凛凛的大象，皮肤肌理细腻逼真，头部细节生动，如锋利的象牙、弯弯的象眼，十分传神

摩尔石，题名“恐龙时代”，70 厘米 ×64 厘米 ×57 厘米。此石形似一只翼龙，其翼从位于身体侧面到四节翼指骨之间的皮肤膜衍生出来，具有翼龙的典型特征，惟妙惟肖，让人梦回恐龙时代

摩尔石，题名“玉猪龙”，166 厘米 ×120 厘米 ×126 厘米。此石形似一只红山玉猪龙，形象逼真，线条灵动而富有张力，是中国自然文化与人文历史文化的对话与交融

摩尔石是产于大化瑶族自治县岩滩镇附近红水河段的一种岩石类造型石，其主要成分是石英、长石、绢云母、高岭石。其原岩是致密块状的含粉砂中细粒岩屑长石杂砂岩。块体较大，岩石中的成分、结构有一定的差异，局部也有一些不穿透石体的节理，这些部位受河流水蚀及冲刷而被蚀去，留下没有裂隙的坚硬块体。又因摩尔石所处河床环境的特殊性，使其被认为很难保存下来的弧形弯曲部位保存完好，故在这种特定的自然环境中形成十分奇特的外形，以大型、中型的造型石居多。其线条流畅、优美、简约，形成各式各样的物象；颜色单一而纯正，暗绿色显得古朴典雅。

摩尔石，题名“韵律”，100厘米×50厘米×75厘米。此石自然，又不乏凝重、深厚、简朴，起伏而流动的线条，如踏着音乐的节奏舞动，兼容着纯净、刚毅、柔美而又丰富的艺术形态，完美地呈现摩尔石的神韵

摩尔石，题名“母仪天下”，70 厘米 ×64 厘米 ×57 厘米。此石浑然天成，石面起伏有致，弧状棱线圆滑，造型对称、均衡，像极了鸟妈妈昂起头颅，张开两翼匍匐在地，招呼雏鸟入怀的姿态

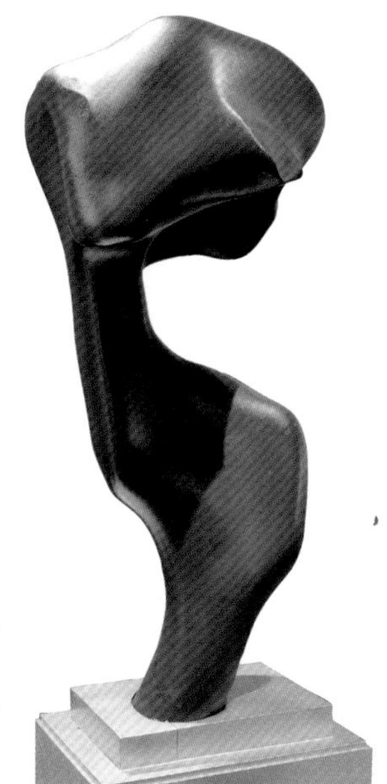

摩尔石，题名“回眸”，42厘米×100厘米×42厘米。此石形同一名少女回首眺望，身姿妙曼优雅

摩尔石，题名“孔雀”，70厘米×72厘米×55厘米。此石似一只孔雀，昂首开屏，似静若翔，似抑若扬，似立若曲，动静结合，把动态中的平衡演绎得非常精妙

# 大化玉：红水河里的和田玉

在人们的印象中，似乎只有和田产地的透闪石玉才有山料和籽料之分，其实广西的大化玉也有山料和籽料之分。大化玉的籽料玉质细腻，原石表面有被河水磨蚀冲刷的痕迹，市场价值较高，造型美观的可作为观赏石，也可制作成雕件、摆件、挂件、玉镯等。

大化玉，题名“故乡风景”，30 厘米 ×12 厘米 ×3 厘米。此为大化玉的山料切片，石质润泽，图纹栩栩如生，有草地、天空、树木，如故乡的风景

大化玉，题名“丰收”，10 厘米 ×8 厘米 ×3.5 厘米。此为大化玉枣红皮籽料，白玉质地的石体上分布着玲珑精巧的红色浮雕，仿佛人们在庆祝丰收，洋溢着喜庆热烈的气氛；部分透闪石成分直接裸露在外，一目了然

大化玉，题名“松鹤延年”，26 厘米 ×30 厘米 ×6 厘米。此为大化玉雕件，玉质润泽细腻，晶莹剔透，形象生动

大化玉，题名“竹报平安”，21厘米×40厘米×14厘米。此为大化玉雕件，构图简约，雕刻线条细腻生动，巧妙运用了俏雕和浮雕工艺，造型大气

大化玉，题名“玉观音”，8厘米×11厘米×6厘米。此为大化玉籽料，产自红水河岩滩镇河段，含透闪石成分，皮色老熟，头部玉化极佳，色泽及油润度接近羊脂玉

大化玉，又称透闪石玉、阳起石玉、透闪石－阳起石玉、广西和田玉、龙滩玉、巴马玉、来宾水玉、大湾玉等，属广义和田玉的一种，主产于大化瑶族自治县北景镇一岩滩镇的那定、平台、吉发等地及天峨县、百色市右江河、巴马瑶族自治县和来宾市大湾段等地，红水河全河段都有产出。形成于距今约2.6亿年的古生代二叠纪，其矿物成分以透闪石或阳起石为主，含少量透辉石、绿泥石、蛇纹石、磷灰石、金红石、白钛石、石榴子石、方解石、石英、黄铁矿等。大化玉常见颜色为白色、灰色、豆绿色、褐色、黑色、黄色、黄绿色、蓝绿色等；光泽有玻璃光泽、油脂光泽、蜡状光泽、瓷

状光泽；莫氏硬度为 6 ～ 6.5 度，密度为 2.85 ～ 3.15 克 / 厘米$^3$，属非均质集合体；玉的结构为纤维交织结构、交织结构、显微毛毡状交织结构、纤维变晶结构、显微变晶结构，浸染状构造、条带状构造；透明、半透明、微透明，也有不透明的，具有和田玉籽料中的聚黑皮、枣红皮、红皮白肉等特性。

大化玉，题名“羊脂”，18 厘米 ×8 厘米 ×5 厘米。此石含透闪石成分，玉质温润如羊脂，皮色纯正，部分为乌鸦皮

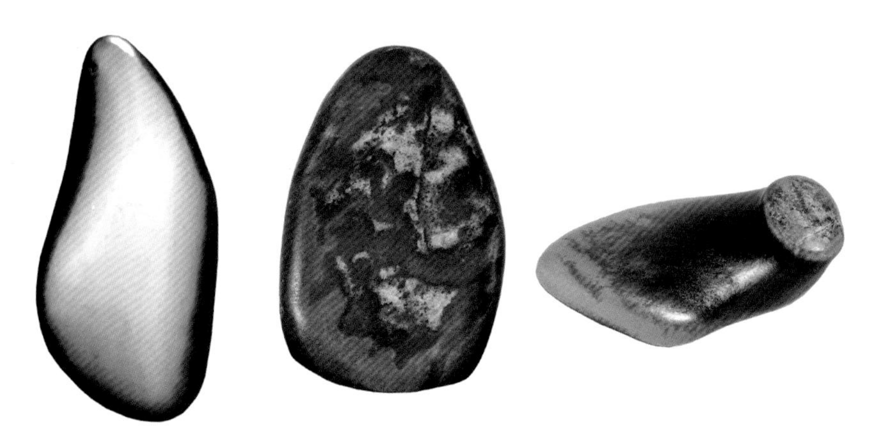

大化玉籽料中典型的聚黑皮（左）、枣红皮（中）、红皮白肉（右）

按照不同的矿物组成及颜色特征，大化玉可分 9 个种类。一是大化乳白玉，乳白色，具玻璃光泽、蜡状光泽、瓷状光泽。二是大化青玉，主色为黄绿色、浅绿色，具玻璃光泽、油脂光泽。三是大化青白玉，青白色，具玻璃光泽、蜡状光泽。四是糖玉，主色为黄褐色至褐色，具玻璃光泽、油脂光泽。五是大化红玉，属水料，表皮为红色，具玻璃光泽、油脂光泽。六是大化黄玉，属水料，表皮为黄色，具玻璃光泽、油脂光泽。七是大化花斑玉，底色为白色、褐色、灰白色，有黑色斑点等图案，具玻璃光泽、蜡状光泽。八是大化墨绿玉，属阳起石玉，主色为灰黑色至黑色，强光下呈绿色，半透明，具玻璃光泽、蜡状光泽。九是大化墨玉，属阳起石玉，主色为黑色，强光下不透明。

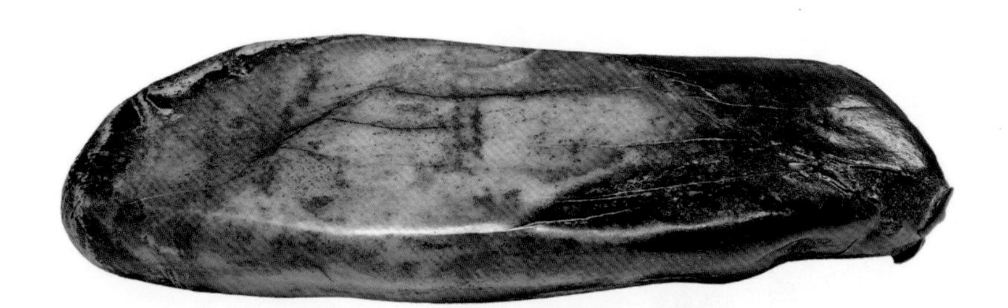

大化乳白玉，题名“平安”，38 厘米 ×13 厘米 ×5 厘米。此为大化乳白玉籽料，石肤包浆浓厚，玉质细腻润泽，石形平整圆润，寓意平安，内藏标准化石（见下图）

这块大化玉籽料中含有古生物化石；古生物经石化后受基性火成岩侵入发生接触蚀变，已透闪石化成软玉的组成部分，属下二叠系茅口组的标准化石，地质年代为距今 2.52 亿年；大化玉中保存的二叠纪标准化石痕迹，说明大化玉产自下二叠系地层中的透闪石软玉矿脉，也说明产自碳酸钙地层中该地层受基性侵入岩热液蚀变作用形成的透闪石软玉（大化玉），为和田玉同种成分的软玉，即含水的硅酸钙镁

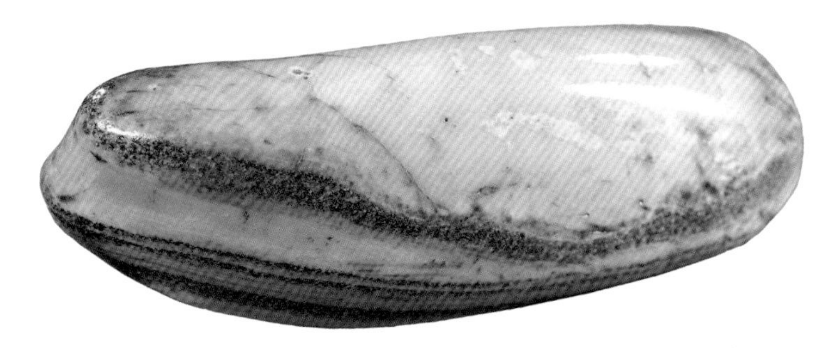

大化乳白玉，题名“白玉思无瑕”，15 厘米 ×5 厘米 ×7 厘米。此为大化白玉籽料，籽料的表面上像被撒了一层金砂一样，是为洒金皮，“洒金皮下必有好肉”，说明带洒金皮的籽料通常玉质细腻温润、油性十足

大化青玉，题名“佛祖系列”，12 厘米 ×24 厘米 ×8 厘米，18 厘米 ×26 厘米 ×9 厘米。此组石为大化青玉籽料，形似佛祖

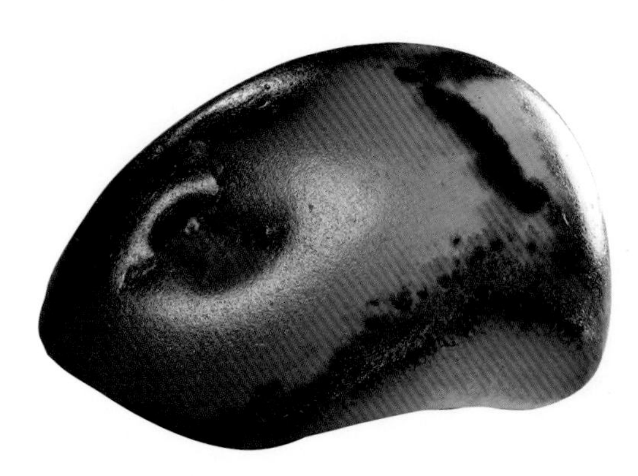

大化黄玉，7 厘米 ×4.5 厘米 ×3 厘米。此为大化黄玉籽料，颜色比正常的嫩黄色更深，与鸡油相似，肤色凝重匀净，颜色诱人，玉质温润

大化墨绿玉，题名“八仙过海”,7 厘米 ×9 厘米×2.5 厘米。此为大化墨绿玉籽料，透闪石含量高，温润细腻，具油脂光泽，图纹生动，如传说中的八仙过海情景

# 彩陶石：水下“唐三彩”

彩陶石刚出水时，因产于红水河来宾市合山市马安村段，民间称之为马安石，是较典型的以产地命名的石种，但现在已经不再这样称呼它。

早期，彩陶石出水量较大，有彩釉和彩陶之分，石肌似瓷器釉面者称彩釉石，似无釉陶面者称彩陶石；彩釉石多见平台形、层台形，不求形异，首重色泽，以翠绿色为贵。目前，彩陶石是该石种的泛称，包含彩釉石在内。

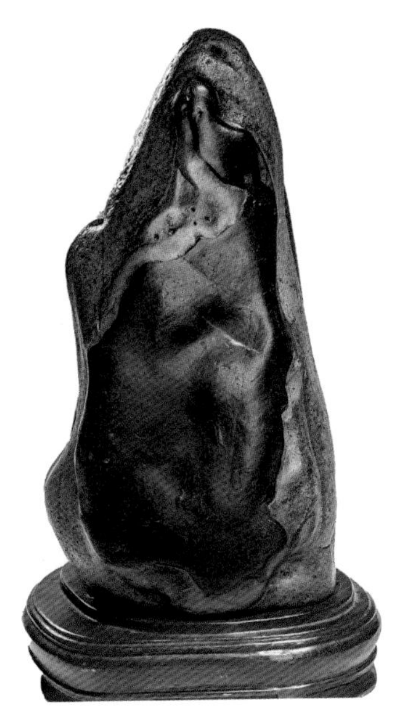

彩陶石，题名“思美人”，21厘米×36厘米×17厘米。绿底黑釉的浮雕外圈仿佛镀着一条雪白的色带，恰如一名古代仕女在沉思遐想；色彩纯净柔和，犹如制作精良的古代瓷器，被涂上了一层美丽的釉色

彩陶石，题名“金蟾”，20厘米×14厘米×15厘米。此石造型古朴，颜色素净，形似一只金蟾，浑然天成，两只鼓鼓的眼睛呈鲜红色

彩陶石，题名“观音”，9厘米×18厘米×5厘米。此石造型简约，神似观音；表面蒙着一层柔和素雅的色彩，犹如古代瓷器釉色

彩陶石，题名“铁扇公主”，18厘米×32厘米×16厘米。此石造型似铁扇公主，手摇芭蕉扇，惟妙惟肖

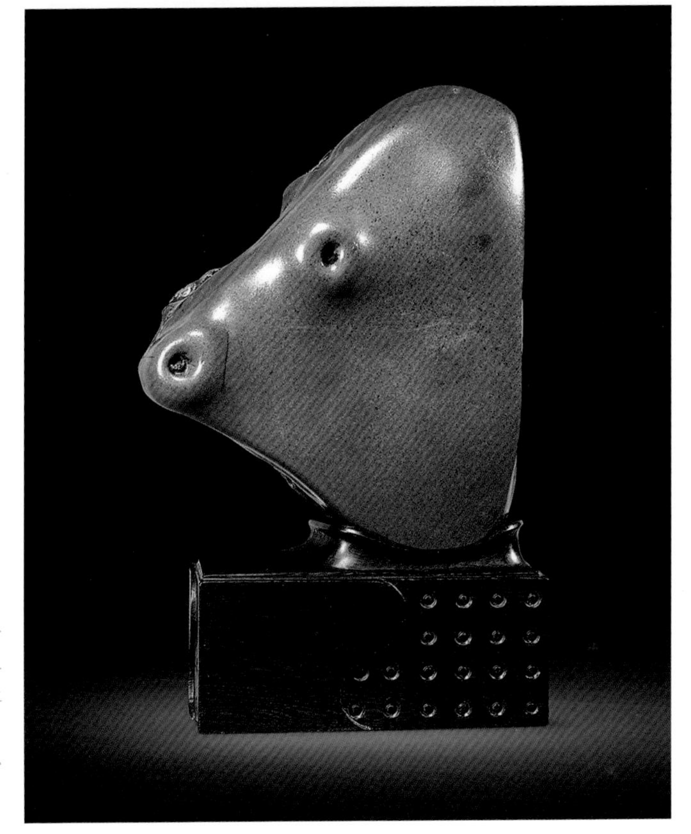

彩陶石，题名“兽首”，29厘米×24厘米×9厘米。此石造型与圆明园的兽首不同，似像非像，神似而非具象

彩陶石，题名“千秋伟叶”，75厘米×11厘米×28厘米。此石颜色纯净，“釉面”厚重，线条流畅，似一片绿叶，生机勃发；玉化程度极高，接近籽料标准

彩陶石，题名“百财”，53厘米×45厘米×30厘米。此石石肤包浆道厚、细腻温润、“釉面”厚重，似刚成熟的白菜，生机盎然，寓意“百财”，有纳财之意

彩陶石，题名“玉刀”,42 厘米 ×6 厘米 ×2 厘米。此石玉质极佳，颜色层次丰富，形状独特，如一把玉刀

彩陶石多见象形、景观等状，又有纯色石与鸳鸯石之分。鸳鸯石指双色石，三色以上者又称多色鸳鸯石。因分翠绿、墨黑、橙红、棕黄、灰绿、棕褐等色，故俗称石界“唐三彩”；还有一种外形凹凸似葫芦的，称葫芦石。

在我国观赏石特别是水石类的开发中，彩陶石是较早被开发的石种，于 1992 年初冬在十五滩被发现。彩陶石深藏于红水河河床底部，产地河床狭窄，红水河在此地的暗礁侧畔冲出一条很深的河道，河道旁边形成一条长 300 多米的回水湾，回水湾中堆积的便是千百万年来被红水河湍急的流水带着沙石冲刷磨砺而形成的彩陶石。

彩陶石属火山碎屑岩，由蚀变凝灰岩和弱蚀变凝灰岩构成，莫氏硬度约为 5.5 度；石形以多边形的几何形体居多，水洗度也很强，表面光滑细腻；各种矿物组成的颜色鲜亮，一般以豆绿色、灰色、黑色为常见，而以绿色为上乘。彩陶石的外形变化较小，以欣赏其形状、颜色和质地为主。黑彩陶石质地细滑，润泽感佳。其中，彩釉石多见方柱棱角之形，石肤温润如脂，石色“釉面”光彩怡人，尤以翠绿色为贵。鸳鸯石是沉积中层状蚀变凝灰岩；成岩后有些微弯柔皱，主要矿物为长英质矿物及石英、长石、方解石，胶结紧密而层理清晰，波浪形层纹线条流畅，多为黑与绿或黑与褐两色同石，其中以下部墨黑色而上部翠绿色者为上品。黄釉石具有唐三彩之神韵。绿玉石色调沉静优雅，纯净无瑕。彩陶葫芦石多为黄褐色、褐色或灰绿色，成岩由于三层硬、两层软，经过河水冲刷形成葫芦状石体，加上石质细腻坚硬，显得淡雅而别致。彩釉石类产出极少，具有较高的收藏价值。

彩陶石耐酸耐磨蚀，其色质之美，曾对传统“瘦皱漏透”类供石产生了极大的冲击，堪称新派供石的首选代表石种。彩陶石形状多为块状，常有高低错落的方圆角，形态端庄、古朴、稳重。色调沉静优雅，其石色和石质如彩陶，表面有蜡状光泽；石中含有绿泥石，因此具有翠绿、墨黑、橙红、棕黄、灰绿、棕褐、浅蓝、青灰、古铜等颜色，石上天然过渡色极佳，色泽条纹层次分明。质地致密、细腻、坚硬、纯净，石肤润泽，有的似陶色，有的像古瓷；纹理流畅、多变。有绿玉石、黑釉石、黄釉石、棕釉石等多个细分种类。

起初，我国台湾地区的石友在大陆大量收集彩陶石并运往台湾地区，近年有相当数量的彩陶石从台湾地区回流到大陆，是影响面较广的石种之一。

彩陶石，题名“春色”，40厘米×35厘米×20厘米。釉青色的石肤，晶莹滑润，清雅柔和，是春天的色彩

彩陶石，题名“寿龟”，25厘米×40厘米×15厘米。此石兼有渐变之绿、灰、黄、黑等色，色彩丰富，右下方草绿色的浮雕如一只寿龟于海底遨游

彩陶石，题名“浮雕”，35 厘米 ×35 厘米 ×15 厘米。此石上部分浮雕密布，下部分却较为光滑平整，上下反差分明

彩陶石，题名“江山如此多娇”，60 厘米 ×20 厘米 ×52 厘米。此石石肤润泽，线条如波浪形状，如沙漠，如高山草甸，如这娇媚的江山，颜色层次分明

彩陶石，题名“素彩陶系列”，18 厘米 ×25 厘米 ×5 厘米、12 厘米 ×15 厘米 ×3 厘米、15 厘米 ×28 厘米 ×3 厘米、16 厘米 ×25 厘米 ×4 厘米、19 厘米 ×32 厘米 ×8 厘米、9 厘米 ×18 厘米 ×5 厘米、30 厘米 ×25 厘米 ×8 厘米、22 厘米 ×25 厘米 ×6 厘米。彩陶石的颜色十分丰富，在彩陶石所有分类中素彩陶系列色泽清雅，别具一番韵味

红彩陶，题名“洪福”，31 厘米 ×26 厘米 ×28 厘米。此石形态饱满，线条流畅，凹凸有致，是罕见的红彩陶

彩陶石，题名“春景”，35 厘米 ×36 厘米 ×15 厘米。此石颜色渐变层次丰富，过渡流畅自然，石面图案如垂柳依依，溪水潺潺，万物萌芽生长，初春的气息扑面而来

彩陶石，题名“青翠”，12 厘米 ×22 厘米 ×8 厘米。此石之青翠似雨过天晴后视线所及皆是的翠绿色彩，让人心旷神怡

彩陶石，题名“韵”，18 厘米 ×32 厘米 ×10 厘米。此石颜色丰富，有墨黑、棕黄、灰绿、棕褐等颜色，韵味十足

彩陶石，题名“竹”，35 厘米 ×25 厘米 ×35 厘米。此石淡雅素净，石面图案是几枝竹子，颇具“苔痕湔雨，竹影留云，待晴犹未”的意境

葫芦石，题名“圣贤”，22 厘米 ×33 厘米 ×18 厘米。此石为黄褐色，石质细腻坚硬，淡雅而别致；中间的浮雕似一名侧身而立的圣贤，线条如人工雕刻般精细，整体精巧得仿佛是画家酝酿构思许久的作品

# 来宾石：千姿百态，气象万千

来宾石主要产于红水河来宾市兴宾区段，从迁江镇红水河往下自铁桥底、大小黄牛滩到二沟蓬莱洲一带以造型石为主，石体造型奇特，形态变化大，颜色沉稳，古朴典雅。来宾石有几个石种，即来宾水冲石、来宾卷纹石、来宾石胆石、来宾黑珍珠等。

## 来宾水冲石

来宾水冲石的原岩为二叠纪沉积岩，主要成分为石英、方解石、高岭石及褐铁矿。由于成分的差异及结构的不均匀性，岩石在流水冲蚀过程中，被冲蚀出形态各异的凹槽和孔洞，因而千姿百态。来宾水冲石本是对红水河来宾段出产自水下的石头的一种泛称。除了大家耳熟能详、比较常见且具有代表性的几种石种，如卷纹石、黑珍珠、石胆石等，一些特征无法归类界定或各种特征都兼具的石种，均可按狭义的理解，称为来宾水冲石。狭义上的来宾水冲石，大多石质坚硬，包浆厚重，色调古朴，形态变化多样，更多形成景观峰峪、穿洞或天池，多面可观。

来宾水冲石，题名“天马行空”，163 厘米 ×68 厘米 ×26 厘米。此石与徐悲鸿笔下奔马的形、意相似，飘逸的神态、健壮的骨力、飘动的鬃毛、后扬的长尾，如天马行空般精神饱满，步伐矫健，飞奔如箭，追风赶月

来宾水冲石，题名“一帆风顺”，68 厘米 ×35 厘米 ×30 厘米。此石石质坚硬、石肤润泽，造型十分具象，仿佛一条在浩瀚无垠的大海里游行的小船，在渺渺水天之间扬帆起航

因来宾水冲石种类较多，为便于阅读理解，本书将其中出水量较大、影响较大的彩陶石和目前产地仍有大量出水的北丹石单列成文。

## 来宾卷纹石

彩陶石、大化彩玉石、三江石等，无疑是当代的主流明星石种。而有一种奇石，一直处于明星石与非明星石之间，在赏石圈内享有盛誉，在奇石市场内却不冷不热，这就是产自广西红水河流域的来宾卷纹石。

来宾卷纹石分布于来宾市兴宾区桥巩镇一带红水河的大小黄牛滩河床中。原岩为二叠纪沉积岩，属含泥钙质硅质岩，主要成分为石英、方解石、高岭石；受构造运动影响，硅质岩层层纹有些柔皱，形成不同的线条流畅的层纹理，而受水冲蚀的石体的不同部位，层纹有不同程度的弯曲和不同方位出现不同的卷纹。有深灰、褐灰、古铜等颜色，其纹理有的是薄层硅质岩的层纹，有的是不同成分的色纹，走势变化大，宽、窄、粗、细、疏、密皆有；线纹流畅，有的形成物象，有的是造型石但构成各种图纹。石头的纹理按其表现可以分成图纹和立体肌理两类。立体肌理几乎完全不依赖色彩差异，通过上下不平的凹凸结构来呈现纹理，其中低于石面的为阴纹，浮出石面的为阳纹。

20 世纪 90 年代前后开发的来宾卷纹石，虽然在赏石精英圈内一直被当作名贵之石，但是其名声一直没有传播开来。来宾卷纹石之所以没有成为当代光鲜的明星石种，原因有三：其一是色质黑而不丽、不亮、不艳，没有一出现就夺人眼球的魅力；其二是石体上布满皱纹，没有当代流行的水冲石那种流线型的美；其三是与产量稀少、上市时间过短有关。

然而，来宾卷纹石美在纹样，奇在纹样，贵在纹样。有平纹、凹纹、凸纹、叠纹等变幻万千的石纹细节，被开发出来后虽然没加入以彩陶石、大化彩玉石为领唱的美石大合唱，但是其孤独苍劲的石纹之声，却令人久久回味……

来宾卷纹石，题名“九龙壁”，300 厘米 ×400 厘米 ×50 厘米。此石产自红水河水深 40 米处，似群龙翻转

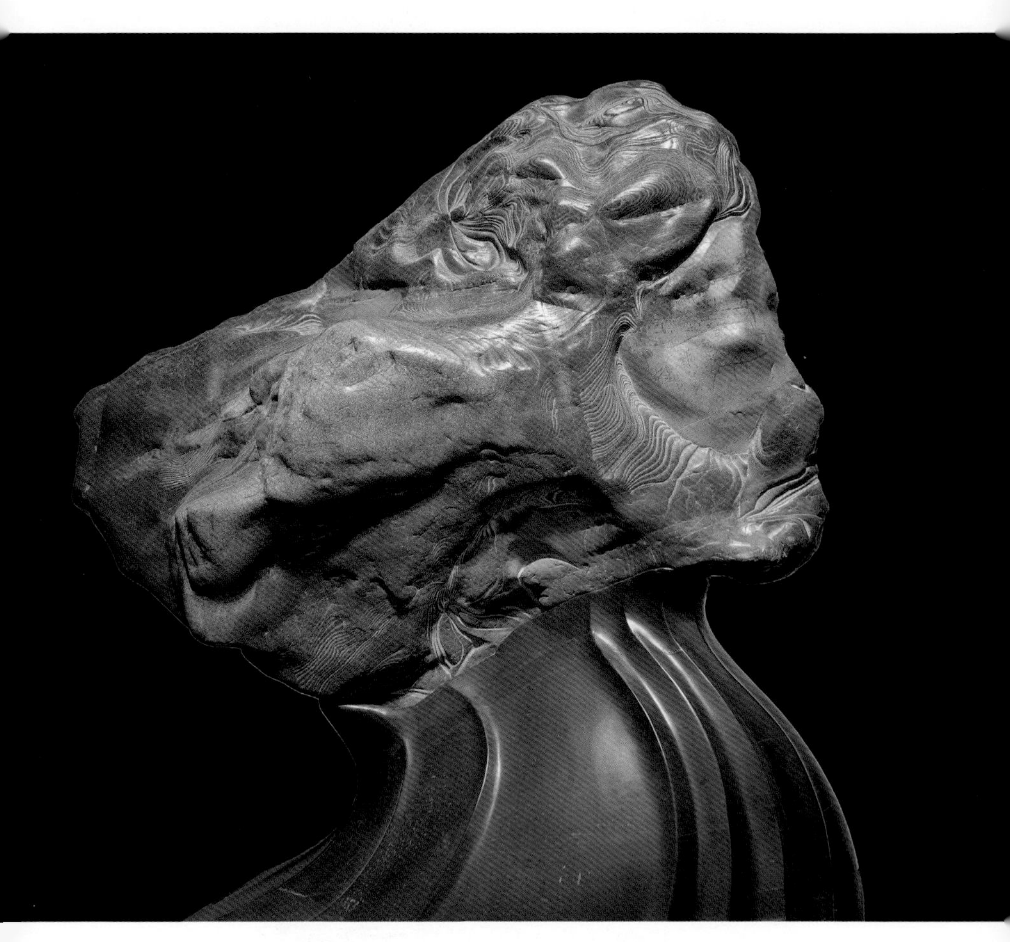

来宾卷纹石，题名“英雄”，110 厘米 ×40 厘米 ×70 厘米。此石如英雄坚毅的侧脸，目光炯炯，神色坚定；拥有原生态的皴纹线条，苍劲有力且呈不规则排布，色彩斑斓，形态奇特，头发的纹路如同岁月游走的痕迹，苍劲有力，迎风飘扬

来宾卷纹石，题名“岁月沧桑”，13厘米×23厘米×10厘米。此石的天然纹理如风吹水波，泛起层层涟漪；线条流畅，让人想起罗中立的油画作品《父亲》，相似的慈祥神态，一样历经沧桑却志向不改的坚强

来宾卷纹石，题名“母亲”，51厘米×43厘米×17厘米。此石如一名老妇人，又似操劳了一生的母亲，形纹俱佳，皱纹、白发和沧桑的眼神都在石上得以体现，让人不禁感叹岁月流逝

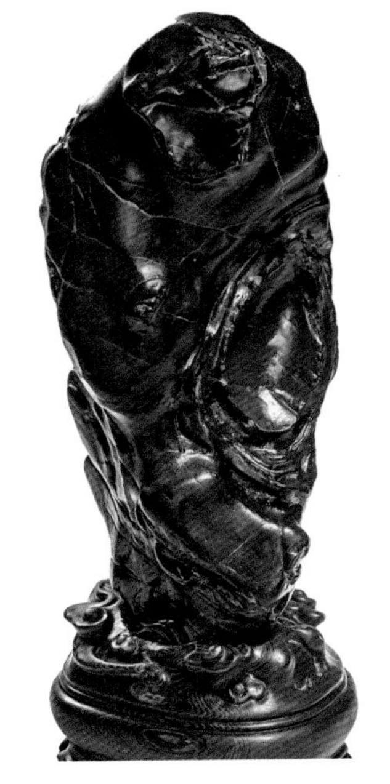

来宾卷纹石，题名“齐天大圣与照妖镜”，13厘米×16厘米×15厘米。此石形似孙悟空手提照妖镜，凝神望着前方；造型凹凸有致，“照妖镜”的石肤“釉面”为黄褐色，光彩照人，和石体其他部分的灰黑色形成强烈反差

# 来宾石胆石

来宾石胆石产自来宾市兴宾区桥巩镇附近红水河下游的大小黄牛滩一带河床中。原岩为燧石，是沉积岩，石质坚硬，主要矿物成分为微粒石英，有时有蛋白石。燧石多呈结核状或透镜状，有些也呈条带状，因石质坚硬而不易被冲蚀，当碳酸盐类岩石被冲蚀后，余下的便是燧石，它们能够完整地成为石胆石。来宾石胆石形象古朴、形体完整、形态奇特，各种形态都有，有的甚至“胆中有胆”；有团圆、圆包圆、圆连圆、扁圆、长圆、斜圆等；有禅石、人物造型，也有其他物象；颜色有黑色、黄褐色、古铜色等，十分典雅。

来宾石胆石，题名“龟”，27 厘米 ×24 厘米 ×25 厘米。此石如一只龟，脑袋刚从龟壳中探出，小心翼翼地观察周边世界；龟壳的老皮色与龟身的粗糙石质形成较大反差，整体灵动有趣

来宾石胆石，题名“蛙”，48 厘米 ×81 厘米 ×32 厘米。此石造型古朴典雅，包浆厚实，石形饱满，似一只昂首挺立、神气的青蛙

来宾石胆石，题名“含苞欲放”，40厘米×30厘米×31厘米。此石如一朵含苞欲放的花骨朵，石形饱满，石肤细腻油润，包浆厚重

来宾石胆石，题名“高境界”，40厘米×70厘米×23厘米。此石造型优异，线条流畅

来宾石胆石，题名“达摩祖师”，18厘米×62厘米×19厘米。此石如达摩祖师肃穆而安详，仿佛在悟道，夸张的人物造型却尽显神韵

## 来宾黑珍珠

来宾黑珍珠是奇石中的代表性石种，产自红水河来宾市段的蓬莱洲，故又称蓬莱石。为水冲石，属硅质凝灰岩。原岩为二叠纪孤峰组的含泥含钙硅质岩，主要矿物成分为石英及玉髓、方解石、高岭石、赤铁矿等，沉积时由于受气候因素影响，岩面形成一些小团块，似大珍珠状，再组成各种物象。形态千变万化，景观、象形、抽象皆有。颜色纯黑，黑里透亮，色调庄重朴实，尤以色黑如漆、黝而有光为佳。质地坚致、纯净。石肤温润滑腻，手感如凝脂；石肌突出圆浑，富有雕塑感；水洗度好。来宾黑珍珠为新派供石种黑石的首选石种。

来宾黑珍珠，题名“云雨”，96 厘米 ×76 厘米 ×32 厘米。纯净的石色，光洁的石肤，微妙的起伏石面如流动的水、缥缈的云，传神地演绎云雨之态，令人遐思

来宾黑珍珠，题名“聚福”，171 厘米 ×205 厘米 ×66 厘米。此石形态舒展优美，如一棵招财树，枝叶舒展，有纳福之意

来宾黑珍珠，题名“神威”，158 厘米 ×260 厘米 ×58 厘米。漆黑如墨的石体，造型雄奇，神态威武

1996 年，柳州马鞍山奇石市场自发形成，来宾、合山等地石农带着一车车的水冲石在市场热卖。马鞍山奇石市场的热闹景象，标志着柳州奇石市场正式形成。

此后，我国台湾地区的石商蜂拥而至，每月都有十个八个台湾石商到柳州并深入产地购石，大量的资金流入，强烈地刺激了当地奇石市场的发展。之后，柳州市西环的中华石都、东环的柳州奇石城、荣军路的八达奇石城相继形成，与马鞍山奇石城形成了四足鼎立的局面。四个专业奇石市场约有 1000 家店面。随着韩国石商的进入，大量来宾石陆续输出，柳州奇石市场因而盛极一时。

在柳州奇石市场的形成阶段和发展过程中，来宾石的大量出水与资金的大量涌入，是两大重要的推动因素。

# 北丹石：红水河最后的古典

红水河为我们奉献了珍贵的彩陶石、古朴的来宾石、宝气的大化彩玉石、简约的摩尔石等优秀观赏石，为当代赏石艺术的创作构建了基础雄厚、品质极高的赏石素材库，一件件精绝的当代赏石艺术作品出于红水河，拨动了无数人的心弦。然而，在资源开发阶段结束之际，红水河最后奉上的这道“赏石大餐”依然吸引着无数的收藏大家和爱好者，热度非凡，得到各界的关注。

北丹石是近年发现的一个新石种，出水于红水河忻城县果遂镇北丹村附近的河段，离县城 35 千米，离来宾市区 80 千米。虽然北丹村附近的龙马村也有类似品种，但是因为北丹村出水的石头形态变化奇特、皮色一流，所以北丹村上下 10 多千米河段出水的奇石被称为北丹石。北丹石具备红水河奇石独具的皮色，也有着摩尔石线条之美，且青出于蓝而胜于蓝，更具有传统赏石文化的“瘦皱漏透”等经典特征。打捞出水的北丹石有陶瓷白、象牙白、米黄色、蜜糖色、煲焦色等，皆不失大气、沉稳之象，深受石友的青睐。这条孕育了当代赏石文化的河流，仿佛正深情地向古典赏石致敬。

北丹石，题名“洞天”，150厘米×92厘米×170厘米。古典赏石重在赏形，以“瘦皱漏透”为赏玩标准，此石很符合这些古典赏石文化的要素

北丹石，题名“壶山”，120厘米×68厘米×185厘米。此石石皮细腻柔滑，肌理变化丰富，形似一尊壶；壶身仿佛有山岭连绵，壶嘴似涓流涌动

北丹石，题名“山魂”，185 厘米 ×62 厘米 ×217 厘米。此石造型如拔地而起的山峰，直冲九天云霄，巍峨峻峭，连绵起伏，有“一览众山小”的气势

北丹村有一处河段水流湍急，蕴藏了不少北丹石资源，但由于之前白色石皮在市场上并不受重视，加之那几年水冲石市场相对低迷，因此这类石种的出现并没有引起太大的反响。直到 2016 年，来宾才有人再次去打捞，发现在水流湍急处的石头形、质、色兼备，卖点十足，石友们拿回来很快就能“走掉”。其他人看到北丹石销路好，都纷纷到北丹河段打捞。汛期过后，正常的情况下，大约会有 10 条小艇和 4 条大船共 50 人作业，平均下水深度为 30 米，最深的超过 40 米。

特殊的地理位置和地理环境，造就了北丹石与生俱来的特性和品质。北丹石原岩为石炭系的中细晶白云岩（碳酸镁），主要矿物成分为白云石，占 99% 以上，含微量高岭石。北丹石的莫氏硬度为 4 ～ 4.5 度，硬度较大。北丹石在形成过程中，因结构的不同、被溶蚀及流水冲刷程度不同，形态变化大，造型丰富奇特；同时，硬度的增强使石表冲刷光洁，水洗度好。此外，北丹石还有色感秀雅、皮滑肌细、线条流畅、纹理变化栩栩如生等特点，既有古朴顽拙的传统韵味，又不失雕塑感和现代气息。

北丹石，题名“福禄呈祥”，45 厘米 ×25 厘米 ×66 厘米。此石质地坚硬、石肤温润、色彩沉稳，造型奇特而美感十足，形神兼备，宛如一只可爱的小梅花鹿；鹿音同“禄”，有吉祥的寓意；石中有一颗颗的蚀变矿物，说明石灰岩受火成活动的影响已硅化

北丹石，题名“玉观音”，60 厘米 ×150 厘米 ×66 厘米。此石形似观音，秀美的身姿，飘逸的袍服，流畅的线条如雕刻家一刀一笔雕刻出来的一般

北丹石，题名“吉象如意”，69 厘米 ×58 厘米 ×26 厘米。此石如一头惟妙惟肖的大象，仿佛在原野上呼朋引伴，尽情撒欢

北丹石，题名“君子”，101厘米×168厘米×39厘米。此石石皮“釉面”光洁，石肤细腻、光滑圆润，包浆厚重；经河水冲刷形成的水波纹理，使其形态生动，好似一位君子在拂袖作揖，谦逊有礼

北丹石，题名“志在千里”，96厘米×66厘米×65厘米。此石形态匀称饱满，线条简洁流畅，宛如一匹肌肉健硕有力的卧马，神态安然，又志在千里、蓄势待发

北丹石，题名“拜师”，76 厘米 ×81 厘米 ×56 厘米。此石粗看石形拙钝，但细观却有精妙之笔，如一位虔诚的学生俯首虚心向老师请教

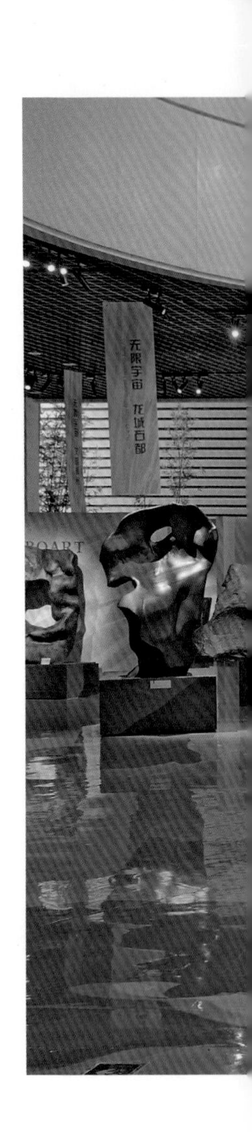


北丹石的美是直接的、多样的、充满张力的，除纯净的色泽、优质的石肤外，其形也更具可塑性，依靠线条、块、面、色彩的多重组合成象形状物，或惟妙惟肖，或形态夸张，或形神兼备，给观赏者以极大的想象空间。北丹石中的小品石将自身的景致浓缩在方寸之间，以小博大，雅致而精巧，彰显着精华的魅力。除了小品石和标准石，还有大量吨位石，少量可达到几十吨。其中，一尊由当地收藏家收藏的“大鹏展翅”重达 6 吨，气势恢宏，颇具代表性。

北丹石，题名“大鹏展翅”，486 厘米 ×208 厘米 ×175 厘米。此石为灰褐色，石形甚佳，大气而张扬的造型好似一只振翅高飞的大鹏，无论是远观还是近赏，都给人一种强烈的视觉冲击

当前北丹石所具备的传统与现代相结合的特点已被赏石界认可，相信只要将目光放长远，合理规划，对北丹石资源进行合理有序的开发，深入挖掘石种的观赏价值、收藏价值、艺术价值，走可持续发展的道路，北丹石未来必将星光熠熠、大有可为。

# 大湾石：红水河奇石的“舍利子”

大湾石产自红水河下游的来宾市兴宾区大湾镇河段，自20世纪90年代初开始被打捞出水，广受奇石爱好者的喜爱。大湾石是典型的小而全的石种，尺寸基本在20厘米以内，浓缩了红水河上游所有石种的优秀品质，是大化彩玉石、彩陶石和来宾石等石种的缩小版。

与柳江、黔江合流前，红水河在大湾镇转了一个大大的弯。此湾由于在河床深浅、水流缓急、河湾大小、沙泥多少、沉积效果等方面都具备了汇聚、育养的优越条件，因此成为红水河产石第一湾。

精巧别致的大湾石，是红水河各类奇石中最富有艺术气息的石种，兼具宝气、古气、清气和文气。石肤的“釉面”和色彩及通透的质地在光的折射下更显明亮、贵气有余，形成大湾石之宝气；其色古拙内敛，包浆浑厚，形成大湾石之古气；色彩多变，有浅绿、淡蓝、灰青、柠檬黄等色，线条轻快柔和，清新淡雅，营造出大湾石之清气；圆润饱满，小体量适合手抓把玩，有孔洞石或玉质感好的薄片可加金银穿绳当挂件把玩，另有案台文房石等，共同形成大湾石的文气。此外，大湾石上的画面非常出彩，颜色及纹理丰富多变，兼具形、色、质、纹、韵之美，弥补了红水河石种以造型石为主而少图纹石的遗憾。

形之美。大湾石从红水河上游跋涉而来，伴随激流，经亿万年的滚动、水冲和浸染，褪去棱角，变得坚硬、圆滑、敦厚和舒缓。其外形小巧精致，千姿百态，有人物、动物、器形、几何形、孔洞等，长多在 20 厘米以内，其中，10 厘米以内的属小型石，10 ～ 15 厘米的属中型石，16 ～ 20 厘米的属大型石。

大湾石，题名“古象”，16 厘米 ×11 厘米 ×7 厘米。此石形似一头大象，象身为“黑陶”，象眼、象耳、象牙处为“黑釉”，形象之逼真，宛如人工镂刻；石纹有平纹、凹纹、凸纹、叠纹等，综合了许多卷纹石的典型特征

大湾石，题名“雏鸟”，11 厘米 ×13 厘米 ×6 厘米。此石形似一只雏鸟，像是在晒太阳，无忧无虑，萌态十足

大湾石，题名“姊妹花”，4 厘米 ×6 厘米 ×2.5 厘米、8.5 厘米 ×15 厘米 ×5 厘米。两块石头一大一小，具有相似的纹理和造型，仿佛一对姊妹花含苞待放；古拙的造型，深刻的纹理，给人以强烈的视觉冲击

大湾石，题名“古镜”，11 厘米 ×10 厘米 ×3 厘米。此石圆润的线条，完好的品相，形如一面古铜镜，颇具古雅之风

大湾石，题名“金枝玉叶”，10 厘米 ×4 厘米 ×1 厘米。此石形似一片金黄色的树叶，叶脉清晰，配上设计巧妙的底座，相得益彰

色之美。大湾石的颜色非常丰富，用“五彩缤纷”“如梦如幻”来形容都不为过，有棕黄、橘红、翠绿、赤黑、乳白、青灰等颜色，更有两色或多色共存等，且色彩的过渡较为自然。

大湾石，题名“红”，14厘米×9厘米×4厘米。此石石皮光洁细腻，玉化程度高，造型浑圆古朴，颜色为纯正的枣红色，在大湾石中并不多见

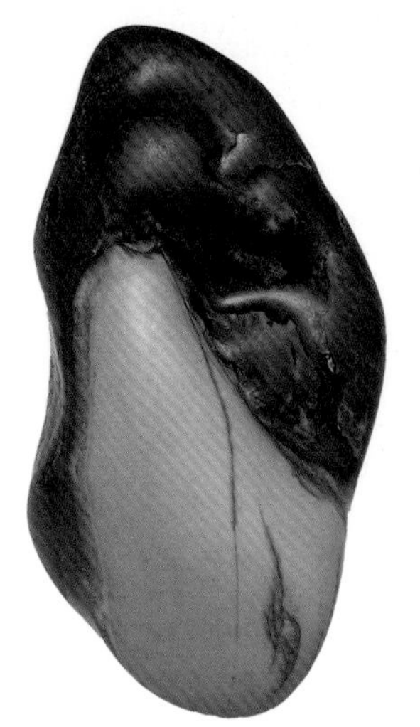

大湾石，题名“黑白”，8厘米×13厘米×4厘米。此石黑白两色搭配，石皮润泽，玉化程度高，水洗度好

质之美。大湾石的质地分为三类：第一类是石英质及硅质岩类，质地坚硬，结构致密，石肤细腻光洁，包浆的手感极佳，有玉质感，并出现含少量玉髓质等高质地品种。第二类是软玉类，主要矿物成分是透闪石，属大化玉经河水冲刷下来的小品石，其中以大湾水玉最为出众。大湾水玉微透明，质地属隐晶质，结构致密，似凝脂般润泽，不仅是掌玩石的精品，还是制作玉件的稀有玉种。第三类是砂砾岩，质地稍软，表皮较粗，有着古朴沧桑的味道。

大湾水玉，题名“少女”，7厘米×6厘米×3厘米。此雕件巧用俏色，黄玉为脸部，墨玉为发丝，少女的羞涩神态跃然而出

大湾水玉，题名“百财”，10厘米×14厘米×6厘米。此雕件玉质优良，润泽光滑，颜色纯净，似一棵白菜，寓意“百财”

纹之美。大湾石的纹理有立体与平面之分。一为立体纹，也就是我们常说的纹石，纹理凹凸有致，浮雕感强，线条流畅，或云卷云舒，或飞瀑流泉，或风过之痕，或远古图腾……此类为来宾纹石范畴，其纹之美令人叹为观止。另一为图案纹，石肤光滑无凹凸感，线条构成如草花纹、芝麻纹、牛毛纹、虎皮纹、暗条纹等，石上画面正是由这些林林总总的纹和石肤的自然俏色构成，由表及里，形成山水风景、花鸟鱼虫、人物、动物及其他图案，清晰而具韵味。可见大湾石体型虽小，但画面意境悠远。

大湾石，题名“脸谱”，9厘米×12厘米×3厘米。此石极像京剧脸谱，不怒自威，以夸张肤色勾画出了眉、眼、鼻、口和细致的面部肌肉纹理

大湾石，题名“少女”，9.6 厘米 ×7.5 厘米 ×4 厘米。此石石体上图纹形似一名古代的少女临江而立，姿态婉约，能让人联想到《诗经》中的“关关雎鸠，在河之洲；窈窕淑女，君子好逑”的意境

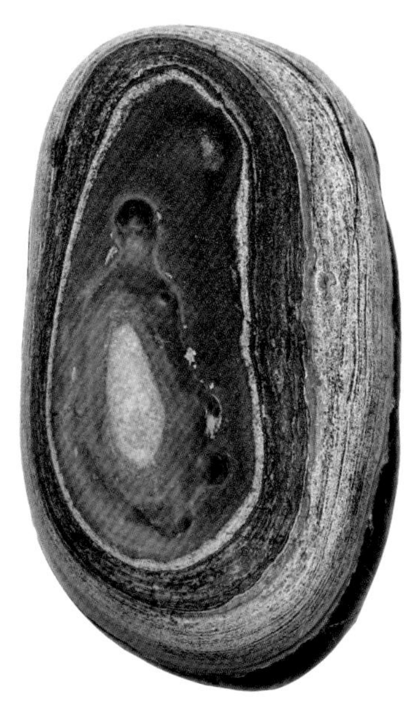

大湾石，题名“沉思”，5 厘米 ×12 厘米 ×3 厘米。此石浮雕似一名低头沉思的少年，形象逼真

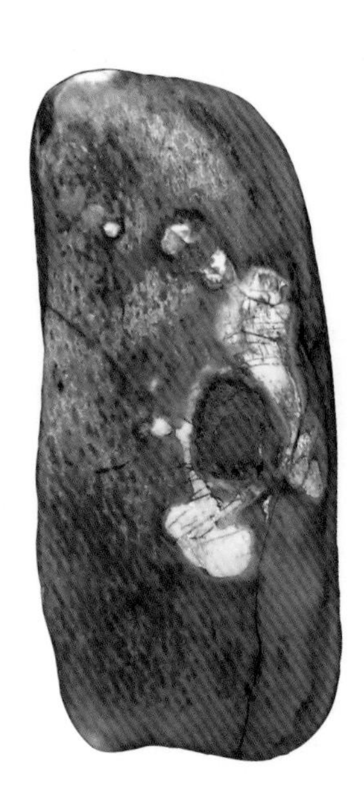

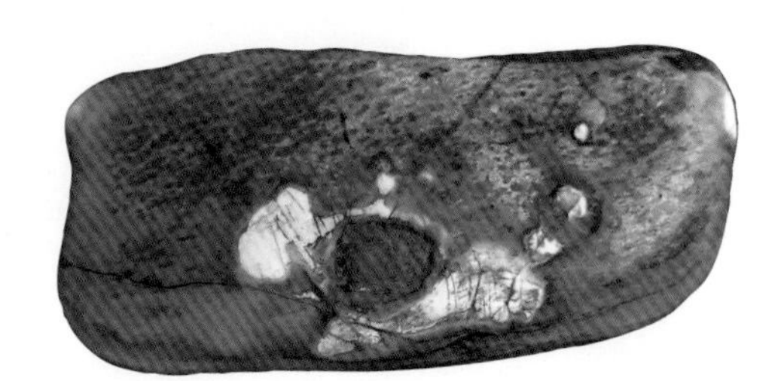

大湾石，题名“提灯笼的女人”，5 厘米 ×11.5 厘米 ×2 厘米。从不同的角度来看此石，有不同的画面。从纵向角度看（图左），如同一名深闺大院的妇人提着灯笼；从横向角度看（图右），呈现的又如“荷塘月色”的场景

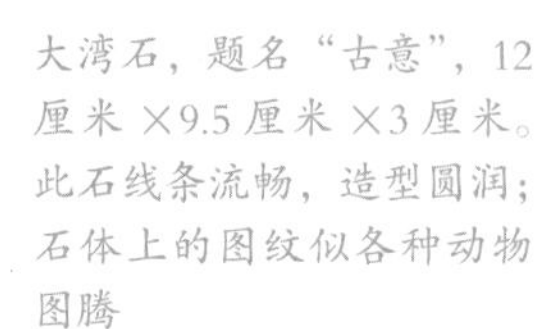

大湾石，题名“古意”，12 厘米 ×9.5 厘米 ×3 厘米。此石线条流畅，造型圆润；石体上的图纹似各种动物图腾

韵之美。大湾石不是红水河上游石种的简单由大变小，局限于体形上的复制，而是在具备所有石种特性的基础上，形成自己独特的韵味，兼具宝气、古气、清气和文气。

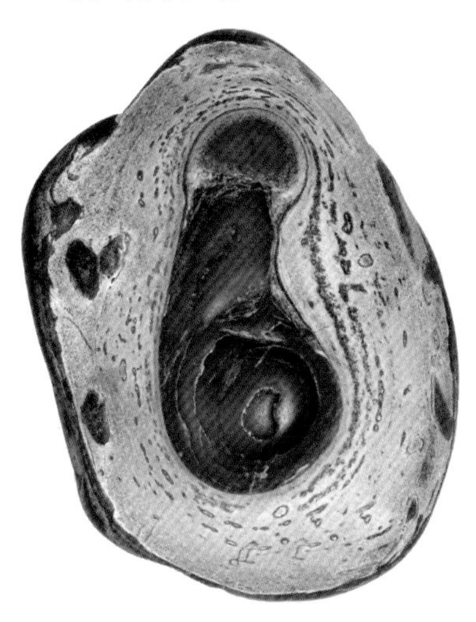

大湾石，题名“打坐”，8 厘米 ×11 厘米 ×5.5 厘米。此石中间黄色的浮雕如同打坐的僧人，超然物外，清静自在

大湾石，题名“山海”，10 厘米 ×13 厘米 ×3.6 厘米。此石的画面中似有一座小山峰，峰顶有个灯塔，耸立海中央，四周云雾缭绕

大湾石，题名“阴阳”，15厘米×5厘米×9厘米。此石石体左右一凹一凸，寓意一阴一阳，和谐统一，阴阳结合

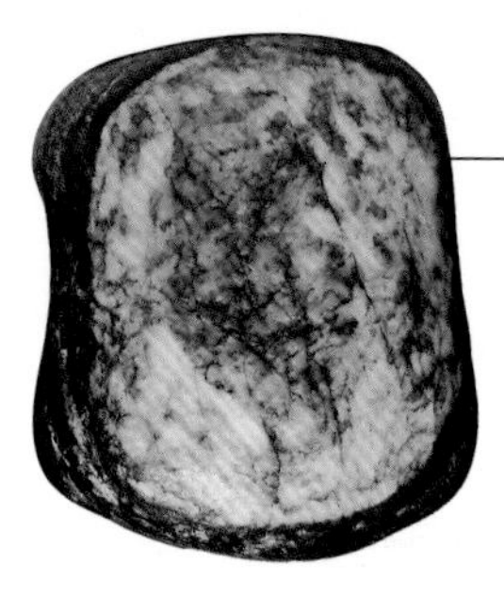

大湾石，题名“金印”，6厘米×5厘米×5.5厘米。此石呈六面体，各面均非常齐整，尽显对称之美，又各有不同的图案；顶部画面似一棵金色的银杏树，勾勒出秋意浓浓的田园风光；整体造型像一枚金印，造型饱满和谐，图案精美

大湾石，题名“一壶清茶品人生”，17 厘米 ×9 厘米 ×8.5 厘米、8 厘米 ×7 厘米 ×4 厘米。将形似茶壶和茶杯的两块大湾石组合在一起，恰似“一壶清茶品人生”的意境

# 国画石：天工神画，信手拈来

红水河千里奔流，一路向东，在来宾市兴宾区高安乡境内与柳江汇合后，经黔江、浔江、西江、珠江，投入大海的怀抱……在此河段，有个石种一度惊艳了奇石圈，它就是广西国画石。国画大师吴冠中看到广西国画石时，对这一大自然的天工神画大为感叹，曾题诗云："踏破铁鞋无觅处，终身追求忽显现。今日拜倒石头前，还笑米芾未曾见。"这是大师对广西国画石的由衷赞美。

国画石初称草花石，属观赏石岩石类中的图纹石，包括画面石、纹理石、文字石，其中以画面石为主，纹理石和文字石少量；图纹又以草花及所构成的景观石为主。主要分布于来宾市兴宾区南泗乡及武宣县二塘镇、黄茆（máo）镇八仙岭一带，以山采石为主。

国画石的原岩属距今2.4亿年的二叠系孤峰组，岩性为含氧化锰质矿物含泥灰岩，主要矿物成分为方解石、高岭石、石英、绢云母，含少量氧化锰、赤铁矿及褐铁矿，化学成分为二氧化硅、碳酸钙等。成岩前，顶部沉积还原地带有较多铁、锰等矿物质，因此顶部有一层10～20厘米厚的红色岩层（含三价铁离子）。在此岩层顶部，有火山喷发活动，从而形成玄武岩，这个过程对原岩产生不同程度的硅化。

国画石图纹的形成，除了原岩矿物元素致色，岩石风化面浅层经千万年水溶液带来的各种矿物质也具有致色作用，如三价铁离子呈鲜红色、红色，二价铁离子呈暗红色、褐色、黄色，锰离子呈黑色、褐黑色、紫色，铜离子呈绿色、浅蓝色等。这些致色离子渗入岩石的节理、裂隙及毛细孔中，产生不同的色纹、色块或斑点，就会在岩石不同的面呈现出多种花纹图案，构成不同的画面和主题。这是由水墨线和彩墨线构成的天然画面，成就了当今面世的天工神画——国画石。

制作国画石作品，需经过选材、切割、打磨、抛光、上漆、配底座、题名等一系列过程。原岩经切割、打磨、抛光，石体内部呈现形态多样、景观绮丽的画面，有的似花草鱼虫，有的似泼墨山水，有的线纹清秀如细腻工笔画，有的色块斑斓如抽象油画，成像成景，惟妙惟肖。其画面不仅如中国彩墨画，还具有版画、油画、水彩画、钢笔画等特色。这些绚丽多姿的画面远近有致、浓淡有别、虚实有度、构图协调、层次分明、呼应得体、色彩和谐、画意浓厚，极富感染力和艺术效果。

其实，国画石于20世纪末刚刚面世时，曾在柳州赏石界掀起一次短暂的赏玩热潮。但随着红水河各种优秀水石的大量出水，国画石很快被主流赏石界所“冷落”。不过值得欣慰的是，国画石一直以工艺品的形式扎根市场，深受各界人士尤其是游客的喜爱，也成为很多单位、个人馈赠嘉宾及亲朋好友的首选礼品，并远销欧美及一些亚洲国家。

国画石，题名“喜”，37 厘米 ×37 厘米 ×5 厘米。此石画面构图精妙，宛如画家的妙笔丹青，喜鹊枝头闹，花儿朵朵开，喜气又洋洋

国画石（局部），题名“池塘印象”。此石画面构图疏密有致，紫红色的灰调内敛丰富而具有印象派色彩的风格，似莫奈的油画《睡莲》。

国画石，题名“山花烂漫”，46.5 厘米 ×32 厘米 ×3 厘米。此石左上角图纹仿佛一名仕女，正眺望远方，其身前是一条溪流，山花烂漫，意境秀美

国画石，题名“秋意图”，32 厘米 ×43 厘米 ×6 厘米。此石石体上的图纹似秋日美景，红叶、山花及纯净辽远的天空，全部收纳于此石的画面中，秋意盎然

国画石，题名“江南春雨”，26 厘米 ×43 厘米×10 厘米。此石画面仿佛江南水乡，细雨蒙蒙，舟行水上，一名女子在托腮沉思

2018年以来，赏石界对切割打磨类画面石有了新的认识，国画石迎来了发展的第二个春天。不少赏石专家强烈地意识到，国画石不应该一直被当作工艺石，其艺术价值应该被更多的人所了解、所认可，其经济价值也应该得到应有的体现。

国画石除了山石，还有水石。高安乡至南泗乡段，隔红水河与刚汇入的黔江相望，这是红水河兴宾区段水石产出的最后一站，也是黔江水石产出的起始地，主要产出水底、河岸国画石的矿脉层。

近年来，因水底国画石原岩石资源已近枯竭，且难以潜捞，故以河岸、山料取材开发为主。因国画石最早发现于河床，取自水底，就算是河岸料、山岭料，也需河水、雨露、溪水等自然水浸渗并携带铁矿物离子等多种金属元素以浸色渲染，方能形成一幅幅隐藏于石中的不是人工却胜于人工的图画。

在国画石赏玩方面，有直接赏玩收藏原石或半原石，追求古风意境的；有赏玩收藏经切割抛光的国画石，以品赏石画神韵的；有用作装修石材，彰显个性的；有根据市场需求，用以研发造型成赏玩、陈设、装饰、伴手礼等多元石品的。

国画石，题名“胜利”，52 厘米 ×46 厘米 ×7 厘米。此石画面仿佛红旗飘飘，充满胜利的喜悦

国画石，题名“东方红”，46 厘米 ×32 厘米 ×3 厘米。一轮红日从东方冉冉升起，染红了大地，象征着火红的青春与勃勃生机

国画石，题名“春晖”，35 厘米 ×17 厘米 ×1.5 厘米。隔溪相望的两块礁石上，红花盛开，远方的水流和树影，让人联想到《诗经》里的诗句“所谓伊人，在水一方”

国画石，题名“小桥流水”，30 厘米 ×17 厘米 ×1.5 厘米。此石画面仿佛一座桥悬浮在水上，河岸的野花连成一片，垂柳依依

# 方解石：不可再生的“艺术品”

西方有一句名谚：“石头是上帝随手捏的，矿物晶体则是上帝用尺子精心设计出来的。”方解石矿物晶体就堪称“上帝的杰作”。

方解石，因被敲击后可以得到很多方形碎块，故名。方解石是一种分布很广的矿物，晶体形状多样，它们的集合体可以是一簇簇的晶体，也可以是粒状、块状、纤维状、钟乳状、土状等；主要石种有黄色方

黄色方解石，题名“玫瑰花”，38厘米×38厘米×30厘米。此石顶部是由一簇簇方解石晶体形成的“玫瑰花”，下方是繁复精美的浮雕，如一群小天使在嬉戏玩耍，生动有趣

解石、红色方解石等。

2017 年 5 月，在湖南郴州举办的第五届中国（湖南）国际矿物宝石博览会上，一尊“东方醒狮”红色方解石力压群芳，成为本届博览会最具价值的藏品，此石就来自广西。红色方解石分布于环江毛南族自治县银河矿，矿区在开采铅锌矿时发现了巨大晶洞。在此晶洞共取出三块个体大、光泽好的红色方解石晶体，“东方醒狮”就是其中之一。方解石因内含微细的赤铁矿晶体而呈红色。

红色方解石，题名“东方醒狮”，200 厘米 ×150 厘米 ×110 厘米。此石仿佛一只巨大的雄狮匍匐在地，头颅高高昂起，发出低沉的咆哮，如此具象的红色方解石实属罕见；因体量较大，开采时为了将其完整地运出矿洞，开采者把矿洞的整个通道加高、加宽，最终才得以保留其完整性

红色方解石，题名“寿龟”，320 厘米 ×140 厘米 ×160 厘米。此石整体呈层叠状，神似一只历经沧桑的寿龟，龟背处高高隆起

方解石母岩是石灰岩，在各种地质作用中均能形成，一般是沉积作用，另有大气降水成因，也有火山热液作用；其化学成分是碳酸钙。晶体通常有玻璃光泽，从透明到半透明。透明方解石晶体称冰洲石，有双折射的特征。色彩因其中含有的杂质不同而变化，如含铁锰时为浅黄色、浅红色、褐黑色，含氧化铁时为红色等，但一般多为白色或无色。晶形为菱面体及其聚形，光泽强，集合体形态优美。

黄色方解石，题名“招财手”，36 厘米 ×80 厘米 ×55 厘米。此石形如一只手，五指并拢，正对前方

黄色方解石，题名“灵芝”，40 厘米 ×80 厘米 ×40 厘米。此石色泽淡黄，造型奇特，顶部有个形似灵芝的钟乳石和方解石共生体

黄色方解石，题名“黄金花”，68 厘米 ×90 厘米 ×25 厘米。此石为黄色调，颜色深浅不一，有鹅黄、明黄、杏黄三个层次，光线下，色彩随着光晕流动；晶体匀称整齐，如片片绽放的花瓣

矿物的生长是一个复杂、漫长和纯自然的过程，且所需条件十分苛刻。许多条件如高温、高压、矿源物质，特别是上万年乃至上千万年的结晶时间，是人类无法模拟的，这使得矿晶收藏品几乎无法作假。

中国有着悠久灿烂的赏石文化，也是最早开发利用矿物资源的国家之一，但对矿物晶体的观赏和收藏却远不如西方国家，导致不少珍稀标本从国内流失。

直到 20 世纪 80 年代初，桂林的矿物市场开始萌芽。最初，有人在西门菜市附近的地摊销售一些有观赏性的奇石和矿物标本，随后在游客众多的解放桥头至訾（zī）洲的漓江岸边，也出现了一些同类摊贩，其售卖的矿物标本的独特和精美得到了众多游客的青睐，如阳朔和恭城铅锌矿出产的磷氯铅矿，即被外国游客惊叹称为“东方绿宝石”。磷氯铅矿在 1992 年第 38 届美国图森国际宝石和矿物展上被选为主题矿物，瞬间轰动全球矿物市场。桂林矿物从此闻名世界，也为桂林矿物标本市场的发展打下了坚实的基础。

随后，桂林市区也出现一些专门经营矿物标本的场所，矿商通过国际大型展销会把中国独特的矿物标本销售到国外，同时也把其他国家产的精美矿物标本带回桂林销售。在这一阶段，桂林矿物标本市场已发展成为中国乃至亚洲最大的矿物标本集散中心。

2008 年 5 月，桂林德天商业广场建成，其中规划了专门的矿物标本宝石街，为专业经营矿物标本的商家提供了 200 多家门面，并在每周末将大型广场提供给众多矿商和石商摆地摊用。从此，桂林矿物标本市场成为全球名副其实的规模最大、专业度最高的矿物标本集散中心，奠定了其作为国内最大矿物标本市场的基础。

# 南丹辉锑矿：方寸间万千璀璨

辉锑矿是提炼锑的重要矿物，新开采出来的辉锑矿具有十分闪亮的金属光泽且呈深灰色；保存不当时其表面会变得暗淡，颜色也会变成锖（qiāng）色。常见的辉锑矿一般呈簇状，像花束和树丛，单独一根的少见。

中国是锑矿储量最多的国家。锑矿主要用于生产航空航天工业的合金钢，也是制造烟花的主要原料。

南丹是广西西北部的一个县，矿山和矿区很多，但大多数都位于山区，周围有不少陡峭峻拔的高山。从南丹县城出发去各个矿区的公路一般都十分狭窄，以山区简易公路居多。整个南丹县成矿带面积相当大，从南丹县一直延伸到河池市区，但中心区域是南丹县大厂和车河两镇及其周边地区。

从矿物地质角度来看，南丹县属于丹池成矿带。该成矿带始于南丹县芒场镇，然后朝东南方向经大厂镇一直延伸至金城江区五圩镇；矿藏丰富，由大大小小无数矿床和矿体组成，含矿情况和各种矿物的成矿条件也各不相同。

2005 年 3 月，南丹出产的品质优良的收藏类辉锑矿标本首次在矿物交易市场上亮相，具体产地为茶山锑矿床。根据最新勘探报告的说法，南丹县茶山锑矿应是中国最大的锑矿床之一。

南丹县茶山坳锑钨矿区的辉锑属锡石 – 硫化物型，矿物质主要来源于花岗岩及泥盆系地层中的辉锑矿，为铅灰色，晶面常带暗蓝锖色，具强金属光泽，性脆，易震碎或磨损。辉锑矿单向生长，单晶体常呈长柱状，晶面纵纹清晰，集合体呈放射状、晶簇状，晶簇造型千姿百态。

辉锑矿

# 鸮头贝化石：远古生命的奇观

近年来，很多人千里迢迢前往贵阳，第一件事就是奔向贵阳机场的卫生间，他们并不是去上厕所，而是去看洗手台的化石。

这件事情，还要从约 4.39 亿年前说起。那个时候地球处于志留纪，整个贵州地区还是一片汪洋大海，那里生活着古老的海洋生物。在一次变故中，这些生物被埋入了地下。随着板块运动和地壳运动，久而久之，这里变成了云贵高原的一部分，这些古生物也就成了岩石的一部分。后来，带有这些古生物化石的岩石被开采出来，被加工成了贵阳机场卫生间的洗手台。

起初，人们并没有太注意。2021 年，中国矿业大学的一名教授出差时，发现贵阳机场卫生间洗手台的大理石竟然带有古生物化石。初步推测，这种古生物应该是鸮头贝—— 一种古老的腕足类动物，也就是我们常吃的海豆芽的亲戚。腕足类的祖先在寒武纪大爆发的时候就已出现，一直以来基本上没有什么大的变化。鸮头贝因贝壳形状像猫头鹰的嘴巴而得名，生活在距今约 3.6 亿年的泥盆纪晚期。

因为鸮头贝化石的发现，贵阳机场的卫生间在全国一炮而红。

既然是几亿年前的化石，怎么还能继续当卫生间的洗手台呢？按理说应该拆下来保护才对。但是古生物学家却给出了不一样的答案。他们认为没必要拆下来，因为这些化石已经成为石头，而且时间越长，化石与石头融为一体的概率就越大，很难完好地取出来。既然已经成为贵阳机场卫生间洗手台所使用的大理石中的一部分，就这样放置在卫生间也不会破坏化石的结构。

贵阳机场卫生间的鸮头贝化石板面洗手台

鸮头贝化石，52 厘米 ×90 厘米 ×17 厘米

广西是世界上产出鸮头贝化石最多的地方，主要分布在武宣—象州一带，以群体保存为主，有大块的群体鸮头贝化石标本出土。

位于南宁市青秀区中马路的广西自然资源档案博物馆，是广西唯一以自然资源实物和档案资料为藏品的专题博物馆，里面的一面长约 8 米、高约 4.6 米的鸮头贝化石墙是中国博物馆中面积最大的鸮头贝化石墙，这面化石墙记录着武宣县 3.6 亿年前的生态环境。

广西自然资源档案博物馆里的鸮头贝化石墙

鸮头贝化石

鸮头贝化石，10 厘米 ×12 厘米 ×8 厘米、3.8 厘米 ×10 厘米 ×9 厘米

# 南丹铁陨石：“国宝”原是“天外客”

在人们的印象里，来自地球外的陨石有着浪漫的色彩。它们携带了大量的宇宙信息，是人类能够获得外太空物质的标本，是人类研究元素的产生，宇宙、太阳系及地球生命形成和演化，以及宇宙灾害、特殊矿产生的宝贵实物资料，也为人们研究地球外生命提供了难得的载体，被视为具有重要科学与文化价值的标本，因而具有极高的研究价值和收藏价值。说到陨石，就不得不提广西自然资源档案博物馆的镇馆之宝——南丹铁陨石了，其在科学界有着超然的地位。南丹铁陨石是我国有史书记载以来最早发现的陨石，是来自木星与火星之间的小行星带的陨石。

陨落事件在《南丹县志》有记载，属中国最早的有记录的目击陨石。据《庆远府志》记载：“正德丙子夏五月夜，西北有星陨，长五六丈，蜿蜒如龙蛇，闪烁如电，须臾而灭。”经查证，确切陨落时间为 1516 年 6 月 7 日。天明后，人们发现在南丹里湖打狗河一带的地面上洒落有许多大小不一的泛银色的硬块，便将它们断定为夜间从天上落下来的东西，甚至很可能是银矿。“仁广”为银矿的谐音，从那以后，该地名一直沿用至今。陨石散落在长约 10 千米、宽约 3 千米的范围内。

1958 年“大跃进”运动大炼钢铁时，从仁广运来的铁块久炼不化，后上报科研部门，经检测分析证实这些铁块就是世界上已知最早列入文字记载（《庆远府志》）的铁陨石——南丹铁陨石。1958 年收集南丹铁陨石 19 块，总重量 9.5 吨，个体大者 1 吨以上、小者 1 ～ 2 克。

南丹铁陨石，61 厘米 ×48 厘米 ×40 厘米。此陨石重达 260.6 千克，石肤古朴润泽，凹凸处体现出铁陨石“浴火重生”的力量

不同个体的南丹铁陨石差别非常明显，根据外观和质地密度大致可分为两类。一类为陨石特征较为明显、质地密度正常的个体，此类个体外表呈暗红色与黑褐色相间分布，外表可见气印，边缘磨损处有明显的白色金属外露，切面经抛光、酸蚀后可见粗带宽的维斯台登构造及陨硫铁、石墨、陨碳铁等矿物，民间称南丹核。另一类为陨石特征不明显，质地较为稀松，密度明显低于正常的铁陨石，外表呈土黄色，内部高度氧化，外表无明显金属部分，民间称南丹皮。

据中国科学院地球化学研究所的欧阳自远院士研究，南丹铁陨石的主要矿物为铁纹石和镍纹石，含少量瘤状陨硫铁、陨磷铁矿、陨碳铁矿、石墨自然铁、陨氯铁、铁闪锌矿和磁镍矿等，镍纹石呈细条片晶。其主要化学成分为含铁 90% 以上、镍 5% ～ 7%，密度为 7.165 ～ 7.64 克 / 厘米 $^{3}$。

早在 1991 年左右，桂林冶金地质学院（现桂林理工大学）曾购买了一块 3 吨重的陨石。据说后来大英自然历史博物馆想重金购买这块陨石，学校坚决不卖。这块陨石现存放于桂林理工大学地质博物馆中，是世界上现存最重的南丹陨石标本。

# 菱锰矿晶体：上帝遗落在人间的至宝

矿物晶体的价值不只在于其艺术性，也在于其蕴含的自然奥秘，是我们理解地球、探索自然的一座桥梁，对于研究地质构造、矿物矿床学、矿物结晶学、成矿规律等具有重要意义，从而可进一步指导发掘新的矿物和矿区。矿物晶体也是我们接触和了解地壳中所含化学元素的具体实物，研究矿物晶体可帮助发现新元素，探索新材料。

菱锰矿又名红纹石，是以具有像木头纹理般的条纹外观为最大特征的玫瑰色结晶体，多为粉红色系列，间有乳白色条纹，色泽艳丽，氧化后表面呈褐黑色，具玻璃光泽，通常为粒状、块状或肾状，属天然宝石中比较贵重的一种，也是生产铁锰合金的材料来源。菱锰矿是碳酸盐矿物，常含有铁、钙、锌等元素，且由于这些元素往往会取代锰，因此纯菱锰矿很少见。虽然世界上有许多国家都产菱锰矿，但是真正能作为收藏品的菱锰矿却非常少，以南非、美国、秘鲁、阿根廷四国产出的较好。

菱锰矿晶体“中国皇帝”和“中国皇后”于2009年在梧州市的梧桐矿被发现，是中国已发现的体积最大、单晶最大、质量最好的两块菱锰矿。2011年2月6日，这两块菱锰矿晶体双双亮相美国图森宝石和矿物展并引起轰动。正是在这次展会上，这两块菱锰矿晶体分别被命名为“中国皇帝”和“中国皇后”。

在矿物晶体中，红色矿物较为难得，像“中国皇帝”“中国皇后”这样尺寸巨大且造型美丽的更是难得，需天时地利方能成就。只有温度、压力、矿物质浓度、结晶空间与时间等因素完美配合，才能促成一块珍贵晶

菱锰矿晶体，题名“中国皇帝”，40 厘米 ×22 厘米 ×36 厘米。“中国皇帝”最大单晶为 22 厘米长，是中国已发现的菱锰矿中体积最大、单晶最大、质量最好的一件标本，也是世界上最大的菱锰矿晶体

体的形成。如空间决定了晶体的大小。发现“中国皇帝”“中国皇后”的晶洞离地表较近，晶洞受到的压力小，晶洞空间大，给了菱锰矿在结晶过程中充足的“生长”空间。此外，时间也很重要，结晶时间充分，晶体才能充分“生长”，同时结晶时间也影响着结晶的致密度和透明度。

菱锰矿晶体，题名“中国皇后”，39 厘米 ×33 厘米 ×34 厘米。最大单晶为 19 厘米长，是广西梧桐矿最负盛名的标本，是世界最著名、博物馆级、全球顶级的菱锰矿标本之一，自然形成的矿物晶体交错堆叠，富有光泽，形似一朵绽放的红玫瑰

广西梧州市的梧桐矿位于树木覆盖的山区，距离最近的小镇六堡镇也有 18 千米，而六堡镇距离梧州市区则有 75 千米。2000—2005 年，从梧桐矿开采出的零星菱锰矿标本逐渐流入市场。2009 年 9 月，梧桐矿真正迎来了菱锰矿开采的高光时刻。经深度挖掘，一个高 120 厘米、宽 100 厘米、深 100 厘米的晶洞被发现。如此巨大的菱锰矿晶洞的发现，令国际矿晶界震撼。随着对晶洞的深入挖掘，一批十分优质的菱锰矿被发现，硕大的与方解石、萤石、水晶共生的菱锰矿晶体标本映入眼帘，其中“中国皇帝”“中国皇后”是最耀眼的两块。后“中国皇后”被美国时尚矿物公司（The Collector's Edge Minerals）购买并运到美国进行专业的清洗和修整。经过 8 个月的清理和修整，一尊晶体边缘锐利、光泽亮丽、樱桃红色的菱锰矿晶体标本横空出世。在众多菱锰矿中，它宛如尊贵的皇后，俯视芸芸众生，让世界知道了中国也有好的菱锰矿，风头一时盖过美国、秘鲁、南非和阿根廷等国产的菱锰矿。

2011 年 2 月 6 日，“中国皇后”迎来了首次正式露面的机会。在第 55 届美国图森宝石和矿物展上，“中国皇后”荣登主展，令人为之惊叹，引起轰动。2013 年其终于得以回国，在中国（长沙）国际矿物宝石博览会露面，国内不少收藏家希望将这块产自中国的珍贵菱锰矿晶体留在母亲的怀抱。后经过江苏矿物文化研究中心馆长彭兆远等人多次交涉，终于成功将它留在中国。此后，“中国皇后”被带至南京，在南京这座石头城安家落户。而“中国皇帝”则隐居长沙，现存于湖南省地质博物馆。

“中国皇后”清理前

“中国皇后”清理后

# 寻江流域

寻江源自广西的最高山——猫儿山，由东北流向西南，经过红军长征时越过的崇山峻岭——越城岭，绕流龙脊梯田以及多民族聚居的龙胜各族自治县，经三江侗族自治县入融江。

寻江流经的地域，是华南准地台边缘，出露有古老的元古宇震旦系地层。距今约8亿年，该地区海底火山喷发，形成细碧岩、碧玉岩等因高价铁离子致色而形成的鸡血色观赏石，即始称龙胜红碧玉、三江红碧玉、三江彩卵石等，在编制广西地方标准时，将其统称为鸡血玉。此外，三江水彩玉也产自该流域。

# 鸡血玉：日出山花红胜火

鸡血玉，又叫桂林红碧玉（含三江红碧玉和龙胜红碧玉）、桂林鸡血石、龙胜鸡血石，产出于桂林市龙胜各族自治县的蔚青岭北坡和西坡一带。根据这种玉石“红似鸡血”的特点及桂林在世界上的知名度，鸡血玉曾被定名为桂林鸡血玉。2014 年 10 月 10 日，广西质量技术监督局发布实施地方标准《鸡血玉》（DB45/T 1076—2014），将其定名为鸡血玉。

鸡血玉山料的剖面

鸡血玉矿物成分以石英、赤铁矿为主，是古板块缝合带深海底火山喷发形成的产物。经证实，该玉种为形成于 8.37 亿年前的古老红色碧玉岩，含少量玉髓、褐铁矿、绢云母、绿泥石、隐晶质，具变晶结构，脉状、浸染状构造、蜡状，呈半脂肪光泽、玻璃光泽、金属光泽。颜色有鸡血红色、紫红色、浅红色、褐红色、枣红色、棕红色，而且还有不同的底色，如全红带金黄色、纯黑色、白色作为衬托；色彩搭配极佳。有吉祥图纹或抽象图像，图纹丰富多彩。硬度高，莫氏硬度为 6.5 ～ 7 度。

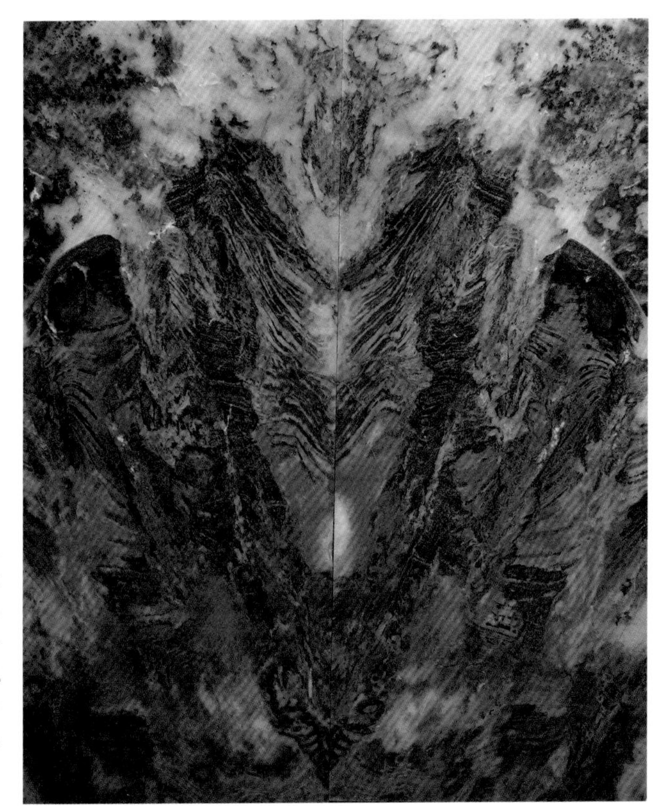

鸡血玉（板料），70 厘米 ×83 厘米 ×1 厘米。色彩绚丽，像一个半兽人俯首凝视前方，头顶有一团火焰在熊熊燃烧

鸡血玉（板料），题名“佛像”，60 厘米 ×68 厘米 ×2.5 厘米。此石上的图纹形似佛像，为鸡血玉对板，通过切割呈现的图像清晰对称，色彩鲜艳明亮

鸡血玉（板料），题名“万山红遍”，230 厘米 ×260 厘米 ×3 厘米。此石重 600 千克，画面呈现浓郁的秋景，与李可染大师的“万山红遍”有异曲同工之境

鸡血玉（板料），题名“莲花座”，120厘米×280厘米×4厘米。此石画面中心有个莲花座，象征吉祥纯洁，出淤泥而不染

鸡血玉（原石），题名“红”，32厘米×36厘米×16厘米。大块浓郁的“鸡血”分布于石体上，鲜艳夺目

鸡血玉（原石），题名“瑞兽”，260 厘米 ×134 厘米 ×196 厘米。此石身形敦厚，石肤润泽细腻，宛若一瑞兽昂首瞪目，神态威严，蓄势待发

鸡血玉（原石），题名“吉象”，60 厘米 ×62 厘米 ×31 厘米。此石褐红色的色块遍布石体，造型端庄稳重，形似一只大象，有美好吉祥的寓意

鸡血玉分板料（山石加工而成）和原石（原封不动的水冲石）。原石又分三江红碧玉和龙胜红碧玉。三江红碧玉分布于寻江沙宜江段往下游斗江河至三江侗族自治县的丹洲镇附近的融江河中；龙胜红碧玉分布于下花河、三门江，从龙胜各族自治县双朗村至三门镇交洲村出寻江至三江侗族自治县斗江镇沙宜村附近河中。这两种原石的共同特征为石质坚韧、石肤光润；基色以深紫、暗紫红为主，衬托红色，鲜艳夺目；石体浑圆，富有自然韵味。

鸡血玉一般分为六级。第一级是孤品鸡血玉。分为全红为主、全红带金黄色、全红带纯黑色三种高端孤品鸡血玉。要求玉质凝润华丽，玉色艳丽、夺目出众，色间搭配极佳，并以有吉祥图纹或图像者为最佳，如龙形纹、人形纹、鸟兽纹、山水纹、海浪纹、风光纹等具象或意象图纹。第二级是极品鸡血玉。同样分为全红为主、全红带金黄色、全红带纯黑色三种高端极品鸡血玉。要求玉质细密凝润、玉色艳丽、色间搭配较佳，稍有吉祥图纹或抽象图像者，如云雾纹、水波纹、树形纹、花草纹等。除红、黄、黑三主色外，还具有枣红色、棕红色的鸡血玉为极品鸡血玉。第三级是珍品鸡血玉。具有不完全的半红或带状红色为主，或兼有条带状金黄色、暗黄色或黑色，或棕褐色的各种珍品鸡血玉。要求玉质细密无砂眼，玉色纯正，色间搭配合理，图纹有条不紊。第四级是精品鸡血玉。具有不规则斑点状红色或较分散的带状红色，或兼有不规则状的暗黄色或黑色、棕褐色或暗棕红色的各种珍品斑点，断续状红色条纹的鸡血玉。要求玉质细致无砂眼，无裂隙，玉色间搭

鸡血玉（原石），题名“洪福”，23厘米×26厘米×15厘米。艳丽的色彩，黑底加红色块，掺杂着一些黄色纹路，令人赏心悦目；红黄搭配，有富贵吉祥、洪福齐天之意

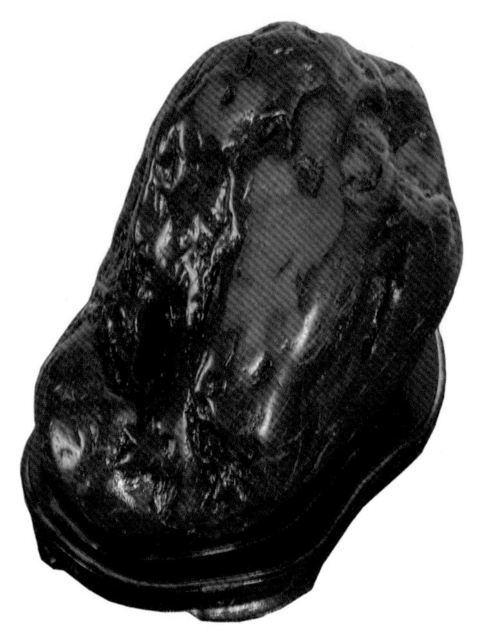

鸡血玉（原石），题名“米芾拜石”，34厘米×25厘米×15厘米。深褐色基底，黄色条纹隐现，橙黄色的浓郁块状画面，恰似米芾拜石的场景

配适度，图纹不紊乱。第五级是花色鸡血玉。仅见不规则散点状或不规则断线状红色至暗红色，以及不定色质者。第六级是混色红碧玉。属于基本不见红色调的杂色鸡血玉。

鸡血玉最大的特色集中在一个“红”字上。红色在中国文化中代表着喜庆吉祥和兴旺发达，是中国传统文化的基准颜色，因此中国人接受起来也更为容易。从历史来看，尽管中国人崇尚红色，但是在中国玉文化中，却缺少以红色为主色调的玉石作为主角，这是中国玉文化的一个遗憾。鸡血玉的出现，为红色玉文化提供了一种可能性。鸡血玉中常带有纯黑色，即“黑如点漆”，像牛角一样光亮，作为底色的衬托使得红色更显庄重。此外，鸡血玉中还有黄色作为混合色，红色和黄色的结合会产生一种动人的活泼色调，也很有特点。

鸡血玉玉质细密、滋润而细腻，各项加工性能优异，抛光后具有玻璃光泽，可雕琢成挂件、佛像、饰品、摆件、印钮、高档茶酒用具等。

鸡血玉有三大品种，各具特色。一是贵妃料，产地是龙胜各族自治县三门镇上朗村，也被称为上朗料。贵妃料以白色、粉色、绿色、紫色为主，玉质细腻凝润、通透灵动，富有飘动感，色泽清丽夺目、淡雅宜人。二是地皇料，产地是龙胜各族自治县三门镇田湾村，也被称为田湾料。地皇料以黄色为主，是黄和非黄之间的颜色搭配，透露着一种淡雅的层次美。三是乾坤料，产地是龙胜各族自治县三门镇沙岭村，也被称为岭口料，墨玉与红玉的结合彰显大气稳重、高雅优美。

2005 年，我国地质学家张家志应邀深入龙胜山区进行实地考察，率先从科学角度对这种世人还很陌生的玉石进行鉴评：鸡血玉的形成年代为距今10亿～8亿年，主要色泽为红色，含有特别稳定且对人体健康有益的铁离子，质地坚韧、细密、滋润。2006年9月，中国宝玉石检测中心进一步对鸡血玉做出了评估：不易磨损，不怕酸碱侵蚀，不变色，优于传统鸡血石，具有很好的雕琢加工特性和观赏收藏价值。2012年9月，鸡血玉被指定为第九届中国－东盟博览会赠送给与会国家政要及贵宾的纪念品。

# 三江水彩玉：被融化的彩虹

三江水彩玉于1991年秋冬时节在三江侗族自治县东部寻江古宜镇附近河段首次被发现，故当时被民间称为三江石。主产区在龙胜境内的下花河（大地河）、三门河、交洲、思陇、牙寨，产石河段长48千米，以及三江境内的沙宜、周牙等地。彩卵石类露出水面的原生地层，主要分布在龙胜境内的寻江支流——三门河、下花河中上游。在龙胜各族自治县三门镇大地村的三江水彩玉发源地，上游3～4千米长的奇石谷中，彩卵石大者长数米，重逾20吨；至三门河下游，彩卵石块重不及100千克；三门河过交洲汇入寻江后，常见彩卵石块重为15～30千克，且越往寻江下游，彩卵石个体就越小。

三江水彩玉原岩为碧玉岩、石英岩和含铁红碧玉，生成于距今8.37亿年的元古宙晚期。由于火山喷发物的沉积，形成了一条特殊的碧玉化石英岩、碧玉化含铁石英岩及碧玉岩等色彩丰富的富硅质岩石，经漫长的地壳演变而露出地表，又经长期风化剥蚀和寻江水系几百万年水洗沙磨，形成表面光滑圆润的彩卵石。碧玉岩中红色、紫色的程度因铁离子化合价位、含量多少而变化，如一般含三价铁离子的呈红色，当含量多时呈暗红色，含量少时呈橙红色，含量适当时则为鲜红色。

三江水彩玉，题名“多姿多彩”，260 厘米 ×360 厘米 ×180 厘米。此石体积庞大，具有红、蓝、黄等色，颜色丰富，石肤细腻光洁，玉化程度较高

三江水彩玉的基本特征与三江红碧玉有相似之处，但也有其本身特色：一是色调显淡雅，基色以灰白色为主，石体呈鲜红色及黄色、褐红色、紫红色等。其中，红色的为块状，突显于石上；其他色则渲染石体，以水彩多色展布于石上。二是质优，密度大，有的是玛瑙质，温润如玉。

三江水彩玉石质坚硬细密，莫氏硬度为 6.5 ～ 7 度。色彩斑斓，有鲜红、铁黑、艳紫、紫红、黄、棕、褐等多种色调。其中，有鲜红、朱红、枣红、紫红、浅红、青红、褐红、橙红等颜色的多称作红彩卵石，石中红彩常构成各种图纹。有的石体全红，鲜艳华丽，似东升旭日或似骄阳；有的红色呈片状分布，似岩浆喷涌；有的上部显红色，韵味独特，似青山夕阳、红霞当顶；有的红色呈曲纹、云朵或带状，呈现满堂红、海上日出等意境；有的红彩中间有金黄色的碧玉或黄玉蜡脉纹；有的以黄、棕、褐、紫、青蓝、纯黑为底色，上显红纹，显得高雅庄重。三江水彩玉品类丰富，以碧玉质彩卵石为佳；造型奇特多变，有的似景观，有的具象形，有的石中斑纹构成图案或浮雕。石表图纹有平纹与凸纹之分。石形大多呈不规则状，呈圆形或椭圆形的不多，姿态朴实可爱。

三江水彩玉，题名“高僧”，2米×38米×13米。此石形如一名睿智的高僧，面目慈祥，身形敦厚，似乎正在抚须而笑

三江水彩玉，题名“五彩缤纷”，23厘米×37厘米×17厘米。此石红、蓝、黄、紫四色俱全，五彩缤纷，纹理清晰，石形圆润，颇具观赏价值

三江水彩玉，题名“山间云海”，25厘米×30厘米×5厘米。此石为加工摆件，开满红花的山坡上有氤氲的云海，红色杜鹃花在云海中若隐若现

三江水彩玉；题名“红枫”，11 厘米 ×20 厘米 ×6 厘米。此石为加工摆件，山间的水雾慢慢渗出，红色枫林和隐约山峰慢慢浮现

三江水彩玉，题名“秋韵”，74 厘米 ×47 厘米 ×2 厘米。此石为加工摆件，如航拍山脉秋景图，有红叶、河水、黄土地，层次分明，秋意浓厚

# 右江、邕江、南流江流域

右江，从云贵高原向东南直流而下，穿过骆越文化的发源地。右江两岸发现有新石器作坊旧址几十处，特别是新石器时代的玉石器，保存完整，玉质优良，品种众多，有玉质石铲、石锛、石斧、石凿等。右江一带出露有上古生界至中生界地层，特殊的地质条件和地理环境，造就出众多岩石类观赏石，如红线石、青釉石、硅石、古铜石、紫砂石、梨皮石等，特别是红黄搭配的红线石，让人为之惊叹。

右江直流南下，与左江汇合，流进南宁称之为邕江。该河段产出的邕江石，其原岩是左江、右江上游的坚硬岩石，这些岩石经流水冲刷搬运至邕江，并积聚于河床的泥沙中。其中既有从上游被冲下来的新石器时代的石器、玉石器，如石铲、石斧、石锛等，也有动物化石，如猛犸象牙，犀牛骨骼、野马骨骼、鹿角等。

南流江位于广西东南部，源头在玉林市大容山，自北向南流，流经玉林市的北流市、玉州区、博白县，经钦州市浦北县、北海市合浦县，于合浦县注入北部湾的廉州湾，河长 287 千米，是广西独自流入海的第一大河。南流江出海海域是我国海上丝绸之路的始发港，其历史文化源远流长。南流江流域产出了珍贵的被称为“海上丝绸之路的精灵”的南流江玉，其文化历史同样悠久，赏玉、藏玉已传承千年，可追溯到宋代。合浦汉墓群出土的玛瑙、玉髓等玉器，见证了海上丝绸之路文化和玉文化在南流江流域的传承，彰显了南流江玉厚重的历史文化底蕴。

# 右江石：细腻如玉，隽永如诗

右江，古称骆越水，地处广西西部，全长700多千米，因与左江处于一左一右而得名。右江沿途风光旖旎，以壮族为主的民俗风情浓郁。两岸独特的喀斯特地貌，造就了形态各异、色彩丰富的右江观赏石。

右江以江水为媒，历经大自然亿万年的锤炼，造就出一方方水洗而出的右江石。右江石种众多，出产的红线石、青釉石、玛瑙花石、藕石、凝结石、梨皮石、玛瑙、硅玉、籽玉、古铜石、壮锦石、黄釉石等，或精巧奇绝，或神韵独到。

右江自古就是两岸壮族人民洗衣服的地方。20世纪80年代，观赏石市场萌动之时，百色沿河一带几个县的石农也已开始捡拾河滩上裸露的观赏石，尝试性地融入全国观赏石的队伍之中。到了90年代初期，机械化程度较高的捞沙机遍布右江河道，每到开采河沙的高峰期，在易于采沙的河段，船舶都非常密集。伴随着频繁的河沙采捞活动，右江河底的石头也陆续被搬上了河岸。在市场的推动下，右江石由早期的试探上市，逐渐赢得人们的喜爱。到了2000年左右，随着市场需求的不断增大，右江开始出现专门以捡拾观赏石为业的人员。右江沿岸农村的一些人家，以前家门口都会摆放几

红线石，题名“金猴”，7 厘米 ×11 厘米 ×4 厘米。此石有一处红色的纹理仿佛一只小猴子，其面向前方，似在寻找什么；猴子的身体刚好处在画面中心偏左的黄金分割点上，使整个画面灵气逼人、栩栩如生

青釉石，题名“韵”，28 厘米 ×10 厘米 ×7 厘米。此石线条柔美，色泽温润，在光影之下显得清新美好

壮锦石，题名“壮锦”，28 厘米 ×12 厘米 ×10 厘米。此石似玛瑙，又似珐琅，色彩丰富，以红色、黄色为主色调，融合在黑亮的石体上，对比度强，形成的画面与壮族的特色手工织锦——壮锦的图案相似；水洗度好，质感油润，画面变化丰富

壮锦石，题名“万紫千红”，15 厘米 ×14 厘米 ×8 厘米。此石以红色为主色，掺杂紫色、黄色和白色，颜色丰富，色彩艳丽，可谓万紫千红

黄釉石，题名“柔顺”，23 厘米 ×10 厘米 ×18 厘米。此石质感细腻滑润，线条形状柔和顺畅，令人赏心悦目

右江石，题名“圆满”，14.5 厘米 ×14.5 厘米 ×8 厘米、4.5 厘米 ×5 厘米 ×4 厘米。此组石从各个角度看都呈圆形，有圆满之意

块被坐得光滑锃亮的红线石。有心收集红线石的人家，其大院和整个楼房都堆满大大小小的红线石。

后来，观赏石协会的出现为右江石友们提供了交流的平台。他们梳理市场的供需关系，极大地推动了整个右江石市场的发展。三四十年间，右江沿岸的百色、田阳、田东、平果几个市、县的观赏石协会不断更迭换代，右江石也在他们的推动下，逐渐走向全国各大石展。

人们提起右江石，首先想到的就是右江的红线石。石如其名，红线石以黄底红线为主要特征，质地坚硬，石肤光滑、细腻柔韧，水洗度好。干净的底色如画家的画布，任由红色的线纹在其上纵横流淌，形成或浓烈或清雅的画面。红线石因质坚、肤滑、色艳、纹韵的优良特征而被收藏家们广泛收藏。右江从百色至田东河段都有红线石产出，其中尤以百色与田阳交界附近河段产出数量最多。

红线石属水冲石，原岩为三叠系地层下部的硅质泥岩，主要矿物成分为石英、高岭石、赤铁矿，显微粒状结构、显微鳞片泥质结构，块状构造、不规则微纹构造，莫氏硬度为 6 度。红线石为卵石状，多数为标准石，观赏价值是鲜红色纹理。红线石鲜红色的纹理是赤铁矿，属三价铁离子，纯净而鲜艳；线纹有粗有细，有的形成点线，而有的形成色块。这些点、线、条纹、色块组合起来，形成丰富的画面，其中以人物、物象以及旭日、朝霞等自然风光为主，而一些虽只显简洁的细线，却也独显优美和娴雅。

红线石，题名“人生巅峰”，12 厘米 ×13 厘米 ×7.5 厘米。红线石较难产出如漫画的人物形象，而此石上的纹理却似一个志得意满、高兴得手舞足蹈的小伙子，令人忍俊不禁

红线石，题名“自然野趣”，11 厘米 ×10 厘米 ×6 厘米。一棵树下，一只小兔子正警惕地望着前方，随时准备一跃而起；此石构图精妙，体现自然野趣

红线石，题名“一帘幽梦”，9厘米×9厘米×5厘米。此石黄底红纹，搭配和谐，左侧的纹理仿佛一张红色的垂帘，不知垂帘的后面是谁的回忆和遐思

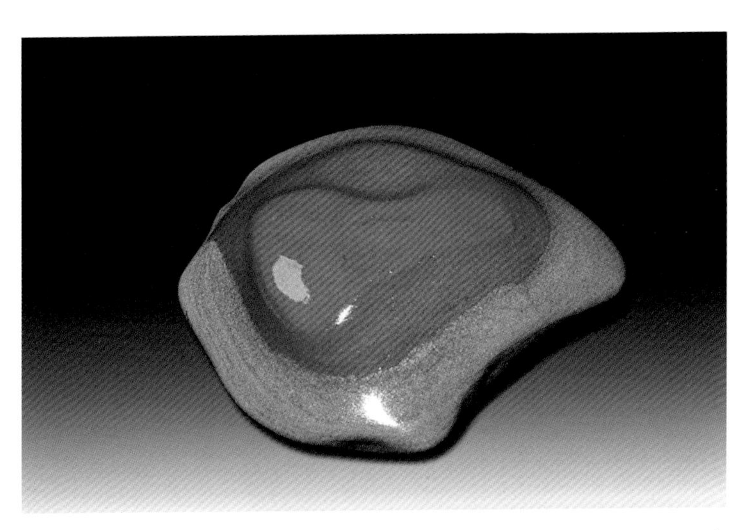

红线石，题名“鸿运当头”，16厘米×15厘米×6厘米。此石黄底蓝色斑点的石面上，有大块红色浸染，视觉冲击力强；石形饱满如桃，寓意鸿运当头、吉星高照

# 邕江石：窝窝圈圈玩味悠长

邕江石因产自广西邕江流域，故名。从广义的观赏石标准来说，邕江及其上游左江、右江所产的石头都属于邕江石。从狭义的观赏石标准来说，邕江石主要指产自邕江流域的天然奇石。本书主要讲的是后者。

邕江石分布在南宁市一带邕江 20 多千米的河段中，目前采集的邕江石多数是在该河段捞沙时捞起的。原岩多为石英砂岩、块状玛瑙等较坚硬岩石，从右江、左江冲刷至南宁附近河段沉积下来，多数堆积于河床的泥沙中。其中，块状玛瑙为褐色、褐黄色，含铁质，形态变化大。另有一些是黑色、墨绿色微粒砂岩被冲蚀成扁平圆形；有相当一部分因岩石成分差异，被冲蚀成圆形，中间凹深或被冲蚀穿洞，似玉钱状，多为小品类。

邕江石，题名“古砚”，23 厘米×9 厘米×17 厘米。此石皮色老道，粗犷古朴，形似一方砚台

邕江石按岩石种类划分，可分为硅质岩、石英岩、碧玉岩等；按赏读特性划分，可分为图纹石、造型石、色质石三大类。质地坚硬，水洗度好；色泽以黄、黑、红三色为主，包括褐色、棕色、金黄色、暗红色、幽绿色等系列色彩。

邕江石古生物化石较多，其中以动物居多，主要有犀牛骨骼、野马骨骼、猛犸象牙、鹿角等。出土的史前至商周时期生产用和祭祀用的石器，都是邕江石独具特色的存在。

邕江石以小品石居多。形体虽小，造型却极为丰富，其中以酷似钵、盂、笔洗、陶罐造型的凹坑系列，以及犹如人工所制作的杯具、扳指、镯圈等形制的掌玩系列最为独特。

邕江红石，题名“鸿运当头”，70厘米×30厘米×50厘米。此石外形饱满，色彩艳丽，石肤温润，十分喜庆，有鸿运之意

石不在大，只要形、质、色、纹佳，赏读韵味足，便是好石。邕江石包浆足、纹形好、水洗度高、质感硬朗有风度，尤其是上等的邕江石，兼具润泽沧桑的石肤与浓郁凝重的包浆，内敛含蓄却又意蕴无穷。

窝窝圈圈的邕江小品石

赏石邕江流，是以器皿、人物、情境组合进行创作的一种全新形式，是南宁石友多年来针对邕江石质朴多变的个性，经过多年反复摸索，并综合各地石种特色衍生出来的一种创作手法。其原石素材最初源自南宁邕江，有古铜石、古釉石、金钱石等。最为奇特的则是圈、凹状奇石和各类水冲石器，质色古朴，既有光洁的陶面和铜器般闪耀金属光泽的石肤，也有粗糙古拙的石面；形态变化多样，可创作各种题材的赏石作品。

# 南流江玉：海上丝绸之路的精灵

南流江，位于广西东南部，是广西南部独自流入大海的河流中流程最长、流域面积最广、水量最丰富的河流，因自北向南流，故名。在历史上，南流江是秦始皇征岭南时岭南驻军运送粮草的军事要道。

早在汉代，合浦南流江玉石就已经出现，合浦汉代文化博物馆里就展示有汉墓出土的南流江玉饰品。宋代时，南流江玉已经是达官贵人、文人墨客收藏、把玩、礼尚往来的观赏石种。“使君合浦来，示我海滨石。千岩秀掌上，大者不盈尺。”这是宋代的赏石诗人陶弼的名诗《廉州石》，诗中所写的“海滨石”便是南流江玉。

南流江玉指产于南流江博白、浦北、合浦河段的玉髓和玛瑙，为石英质玉，属冲积型砂矿。形成环境较为独特，因其产地位于火山活动比较复杂的构造带、断裂带上，经由岩浆活动、地层断裂，以及硅酸盐、矿物质分解、凝聚、沉积作用形成后，再经沙磨水养、风侵水蚀和岁月洗礼，故蕴含独特的质感，既是奇石，也是玉石，“外有石，内有玉”，并具有色泽斑斓、多姿多彩、晶莹通透、温润厚重等特点。

南流江玉，题名“犀牛”，51 厘米 ×31 厘米 ×23 厘米。此石形似一头犀牛，顶着高高的犀角，迈步向前；石肤油润，色泽金黄

南流江玉，题名“成熟”，28 厘米 ×19 厘米 ×13 厘米。此石形似一个瓜熟蒂落的老南瓜，散发乡间田野的自然气息

南流江玉主要矿物成分为玉髓、石英，并含有少量的蛋白石、褐铁矿、赤铁矿、高岭石、绿泥石、金红石、白钛矿、绢云母等。主要化学成分为二氧化硅。属隐晶质结构，纤维状构造。莫氏硬度常见为 6 ～ 8 度，密度为 2.55～2.69 克 / 厘米$^3$。常见颜色有红色、黄色、橙色、绿色、青色、蓝色、紫色、灰色、黑色、白色等，常多色并存，光泽表现为玻璃光泽、油脂光泽、丝绢光泽、瓷状光泽。

这些色泽斑斓、纹理各异的石头，有特征明显的玛瑙类，也有一种被当地人称为牛筋石的种类，其实属于玉髓。

南流江玉（玛瑙类），题名“灵猴献寿”，9 厘米 ×11 厘米 ×8 厘米。此石如一只目光炯炯的小灵猴，捧着一个寿桃，神态顽皮，生动有趣

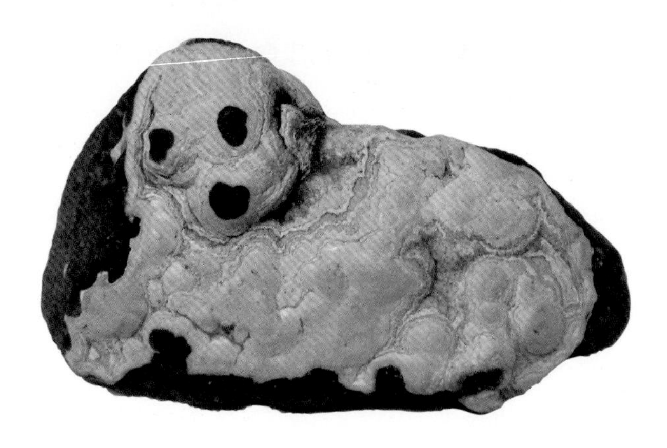

南流江玉（玛瑙类），题名“小狗”，8厘米×6厘米×4厘米。此石形似一只卧着的小狗，颜色黑白分明，反差极强；头部三个黑点刚好构成了小狗的眼睛和鼻子，模样俏皮可爱

南流江玉（玛瑙类），题名“千古流香”，15厘米×17厘米×13厘米。此石如一坛酝酿千年的美酒，酒坛清新雅致，蓝色和黄色的图纹更给此石增添了艺术气息

南流江玉（玛瑙类），题名“中华龙”，20厘米×16厘米×9厘米。此石石体上的画面内容丰富，犹如一条巨龙蜿蜒其中，线条流畅，气势非凡

牛筋石是指南流江玉的玉髓原石，大多埋藏在江底7～10米处的沙层内，其特点是矿物质丰富、质地坚韧，莫氏硬度为7～8度。其名字来源于当地农民的叫法，当地农民认为此石坚硬，犹如牛筋般坚韧，因此称之为牛筋石，并以之修建围墙。

牛筋石外表平平，几乎不透不漏（部分流域的牛筋石有透光表皮），乍看毫无观赏价值和收藏价值。据说是在广东打工的年轻人偶然间才发现了牛筋石的奥妙。他们无意中看见崩裂的牛筋石内“流光溢彩”，切割后切面颜色丰富，纹理细腻立体，光彩夺目，犹如行云流水，巧夺天工，于是就请加工师傅将其做成挂坠。当加工师傅看到每一切片都呈不同图案与纹路，有的如同天然的山水画，有的如同鲜艳的油彩画，光鲜耀眼，为之惊叹。后来发现，其切片玉质媲美翡翠，莫氏硬度多在7.5度左右，高于翡翠的7度，主要化学成分是二氧化硅。一时间，牛筋石便引发了收藏家的关注和追捧。

牛筋石原石剖面是牛筋石直观的观赏方式之一。其切片主要颜色有土黄色、金黄色、橙色、血红色、蓝色、紫色、白色、黑色、绿色等，以血红色价值最高，金黄色次之；颜色越丰富，图案越立体形象，其价值也越高。

牛筋石原石切面

牛筋石原石切片，题名“金秋”，12 厘米 ×9 厘米 ×5 厘米。金黄色的麦浪和红色的花海相映生辉，宛若一幅熠熠生辉的秋景图画

牛筋石，题名“龙龟”，26 厘米 ×19 厘米 ×13 厘米。此石形似龟身，配上龙形底座，龙龟形象便呼之欲出

牛筋石，题名“沧桑”，21厘米 ×43厘米 ×16厘米。此原石已具有较高观赏性，透过薄薄的石皮，便可感受到其内部无法遮掩的细腻温润

目前，南流江玉资源的开发利用尚处于初级阶段，大部分还深藏在河滩里。在已发现的38个种类中，以玉髓、玛瑙、水晶、欧泊、黄玉、刚玉及木化石、花纹石等观赏石为主，其中红玉髓和红玛瑙尤为出色。南流江玉既可作为奇石观赏，也可根据每块石头的特点及切面的花纹、颜色制作出精美的工艺品，如雕琢成摆件、手把件、花片、朝珠、串珠、佛珠、玉镯、手牌、手链、戒指、项链等，它们蕴含着美好的寓意，也凝练着合浦的民风民俗、审美情感，一同赋予了南流江玉更加丰富的神韵。南流江玉集科普、观赏、装饰于一体，具有较高的开发价值、收藏价值和经济价值。

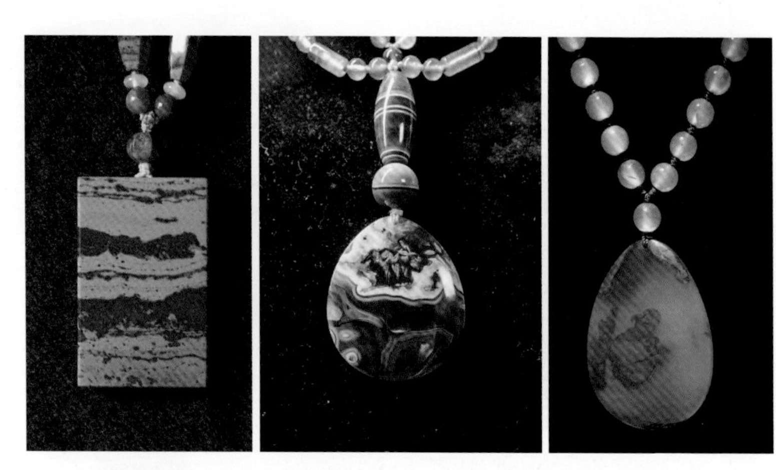

南流江玉挂坠

南流江玉手串

南流江玉工艺品

南流江玉，题名“生生不息”，12 厘米 ×7 厘米 ×4 厘米。此石为雕件作品，似充满希望的田野上，生长着各种植物，一派生生不息、欣欣向荣的自然景象

南流江玉，题名“和谐”，27 厘米 ×13 厘米 ×9 厘米。此为雕件作品，充分运用玉料的皮色、性状巧雕，依形构思设计，雕刻出各种水中生物（荷花、螃蟹、蛙等）和谐共处的画面，造型栩栩如生

南流江玉，题名“人间仙境”，20 厘米 ×10 厘米 ×8 厘米。秋天最艳丽的色彩，泼洒在这一方雕件上，小桥流水，溪水潺潺，山花正艳，五彩斑斓，美得仿佛人间仙境

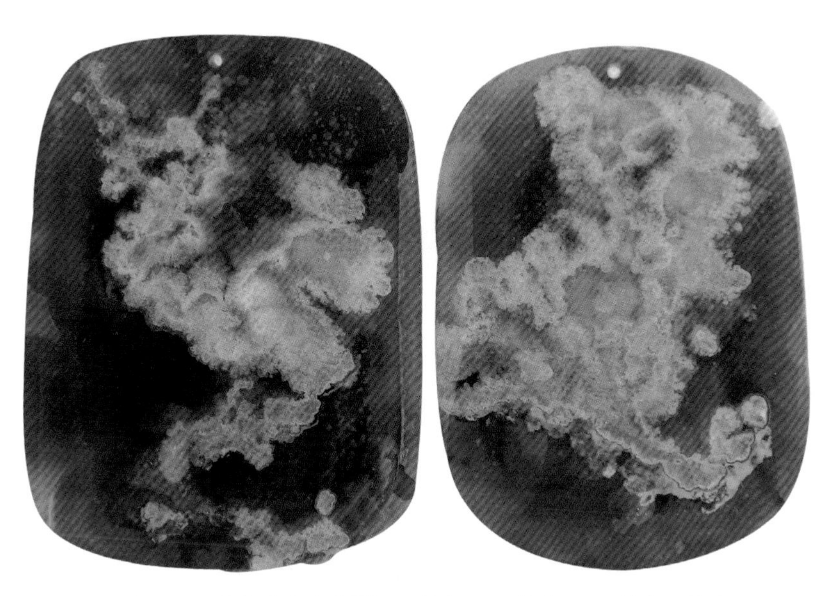

南流江玉，题名“龙凤呈祥”，6 厘米 ×13 厘米 ×0.8 厘米。此为摆件作品，是同一块原石上的两个切片，左边的图纹似龙，右边的图纹似凤，生动趣致

南流江玉，题名“鱼跃”，5 厘米 ×10 厘米 ×2 厘米。此为南流江玉挂坠，上方的图案仿佛几条生动的小金鱼，自在游弋；左下角的图案则似一只潜入水底的水鸟，正准备浮上水面；整体构图精妙，有齐白石的国画意境

南流江玉，题名“凤凰”，直径6厘米。此为南流江玉挂坠，图纹似一只凤凰，在花团锦簇的花海中飘然而来；玉质晶莹剔透，色彩斑斓，展现了南流江玉的玉质之美、色彩之美、图像之美

牛筋石剖面，题名“江河奔腾”，直径5厘米。此为南流江挂坠，金黄的色块如土地，乳白的色块如河流，整个画面如江河在大地中奔流向东的壮观景象

牛筋石剖面，题名“金丝猴”，直径6厘米。此为南流江挂坠，图纹似一只毛发飘逸的金丝猴，正回眸望着远处的同伴；色彩绚丽，金丝尤为醒目耀眼

南流江玉，题名“玉龟”，25 厘米 ×6 厘米 ×16 厘米。这只玉龟于 2018 年用南流江玉石原石雕刻而成；2019 年，玉龟冒出了水珠，密密麻麻像人出汗一般；几个月后，玉龟身上的水珠慢慢消失，出现白色的结晶，结晶越来越厚，铺了厚厚的一层；后又反复冒水结冰，重复至第七次时，变化周期从最初的几个月缩短至十几天；这种情况在南流江玉中从未有过

# 贺江、桂江流域

贺江，位于湘、粤、桂交界处，属贺州市，为珠江干流西江的一级支流，其上游富川江源自“五岭”的萌渚岭与都庞岭间，大宁江从姑婆山向南流，与富川江于贺街汇成贺江。贺江流域一带有姑婆山花岗岩和花山花岗岩，经过火成活动，其中的石英脉发育；同时，花岗岩中的捕虏体为石英岩，破碎后被搬运至贺江及支流。石英脉形成蜡石，石英岩则形成荔枝冻，两者统称贺州玉。

桂江为珠江干流西江水系的一级大支流，其上游大溶江发源于广西第一高峰——猫儿山（兴安县华江乡），向南流至溶江镇与灵渠汇合后称漓江；然后流经灵川县、桂林市区、阳朔县，至平乐县与恭城河汇合后称桂江；再流经昭平县、苍梧县，至梧州市区汇入西江干流浔江。桂江河口是西江干流浔江段和西江段的分界点。桂江全长 426 千米，在此段流域，产出了平安玉、昭平彩玉等优质石种。

贺州玉、平安玉、昭平彩玉，分别于 2014 年 7 月、2018 年 11 月、2017 年 12 月由广西质量技术监督局发布广西地方标准。

# 贺州玉：玉清俊逸，色润华贵

贺州市位于广西东北部，地处湘、粤、桂交界处，曾是中原文化、百越文化和楚文化交汇融合之地。秀美壮丽的贺州大地，物产富集，是一座天然奇石宝库。由于贺州的稀土资源极其丰富且质优，因此富含铌、钽等稀土元素是贺州玉独有的特点。

贺州玉是产自贺州市的玉石，集合了翡翠的硬度和透亮，黄龙玉的金黄蜡质，和田羊脂玉的温润滑嫩，南红玛瑙的大红色，战国红、玛瑙的艳丽颜色，具有透亮、色艳、质坚、品种多、珍稀等特点。贺州玉按品质可分为荔枝冻、冻石、黄玉、黄蜡石等；按颜色组合的不同可分为荔枝冻、红冻、白冻、黄冻、紫冻、黄蜡、白蜡、红蜡、绿蜡、黑蜡、彩蜡等。

红蜡石，题名“虎啸天下”，36 厘米 ×58 厘米 ×28 厘米。石体上金黄色的浮雕似一颗虎头镶嵌在深红色的石体上，栩栩如生，不怒自威

红蜡石，题名“蛙”，15厘米×7厘米×6厘米。此石形似一只伏在残荷上的青蛙，正在闭目养神

彩蜡石，题名“石道老人”，20厘米×25厘米×7厘米。此石如一名老者的侧脸，他望向天空，似乎在倾诉着什么

红蜡石，题名“芙蓉”，26 厘米 ×38 厘米 ×12 厘米。金黄色的石肤上晕染着桃红的色块，如同芙蓉花开一般

黄蜡石，题名“网”，22 厘米 ×24 厘米 ×12 厘米。此石网络纵横，交织出岁月的质感

荔枝冻是贺州玉最具代表性的美石，因其石质神似荔枝果肉而得名。冰冻透亮是荔枝冻的主要特点之一，有“石中贵妃”之称，其色彩丰富，艳而不沉，有条状、丝状、块状、点状等，宛若仙女的霞衣，灵动飘逸。荔枝冻莫氏硬度为 6 ～ 8 度。有专家评说：“以色泽论，荔枝冻无疑艳压群石！”难怪当地人常说“易得无价宝，难得荔枝冻”！

2014 年 7 月 28 日，以荔枝冻为代表的贺州玉标准被审定通过，《贺州玉》（DB45/T 1066—2014）成为首个广西玉石地方标准。

荔枝冻，题名“金丝猴”，9 厘米 ×13 厘米 ×2 厘米。此石以几个简洁色块勾勒出了栩栩如生的动物形态：金丝猴母子正在凝视前方；小猴趴在猴妈妈头上，天真活泼，而猴妈妈则神情凝重，警惕地望着前方

荔枝冻，题名“琳琅满目”，25 厘米×18 厘米×15 厘米。此为荔枝冻雕件；果篮里的热带水果琳琅满目，尤其以剥了皮的荔枝（用荔枝冻原石雕刻而成）最为醒目，晶莹剔透，色泽纯净

贺州玉是一种石英质玉，主要成分为二氧化硅，其含量在 90% 以上，同时还含有赤铁矿和褐铁矿等。该玉种为多矿物集合体，隐晶质结构，粒度细密，质地细腻，温润凝脂，常见颜色有黄色、白色、红色、黑色、紫色、绿色等，以黄色多见，色彩丰富艳丽；硬度高，莫氏硬度为 6 ～ 8 度。

2017 年，国家标准《石英质玉　分类与定名》(GB/T 34098—2017）首次把贺州玉纳入其中，这让贺州玉真正开始有了“国家名片”。

贺州玉主要代表石种的产地分布如下。

荔枝冻产地。里松镇是荔枝冻的主要产地，产量不大。里松镇位于贺州市八步区东北部，土地肥沃，资源丰富。矿产资源以石英石、钾长石、花岗岩、稀土（铌、钽）等为主，盛产贺州黄蜡石、冻石，以及少部分荔枝冻和绿蜡。位于与里松镇交界地山区的桂岭镇及贺州市平桂区黄田镇新村也有部分荔枝冻产出。

冻石产地。主要包括里松镇、昭平县、钟山县。钟山县的冻石以红色、黄色、橙色等为主；昭平县的冻石以红色、黄色为主；里松镇的冻石与荔枝冻颜色相似，有黄、橙、红、白、紫等色。

黄玉产地。黄玉产量非常有限，目前只发现于贺州市平桂区黄田镇皓洞大山中。

黄蜡石产地。贺州黄蜡石产地很多，主要包括里松镇、黄田镇、莲塘镇、桂岭镇、大宁镇，还有昭平县、钟山县。其中，里松镇和黄田镇的黄蜡石，以及昭平县的卷纹黄蜡石和钟山县的花山黄蜡石比较受欢迎。里松镇、黄田镇稀有矿物资源丰富，这两地 1 亿多年前经过火成活动形成了种类丰富的黄蜡石。但因为里松镇没有大的河流，所以水洗度好、个大的黄蜡石不多，而是以质地和颜色取胜。昭平县有桂江流过，山清水秀，因此产出的黄蜡石水洗度好，个大的黄蜡石比里松镇多。钟山县的黄蜡石以细皮和颜色取胜。莲塘镇、桂岭镇、大宁镇的黄蜡石以形态观赏为看点，大宁镇的奇石以黄色和黑色为主。

彩蜡石，题名“富贵吉祥”，46 厘米 ×23 厘米 ×26 厘米。此石石肤油润，色彩喜庆，红黄相间，有富贵吉祥之意

# 平安玉：冰晶玉肌飘清韵

位于广西东北部的恭城瑶族自治县，地处中国大地构造位置的江南古陆南缘，由于受地壳多次构造运动的影响，境内地层跨时代较多，褶皱、断裂构造发育也多，矿产资源十分丰富。而境内海拔最高的银锭山周边地质条件和地理环境复杂，因此也孕育了丰富的观赏石资源，其中，平安玉（原名恭城彩玉石）因产自恭城瑶族自治县平安镇境内而得名，又因其色彩丰富、有平安吉祥的寓意而深受广大玉石爱好者的喜爱。

平安玉，题名“龙凤呈祥”，34 厘米 ×20 厘米 ×7 厘米，33 厘米 ×20 厘米 ×7 厘米。此组石为平安玉雕件，左图为凤，右图为龙

平安玉的母岩为分布于花山黑云花岗岩体与中泥盆统信都组砂岩、石英砂岩的接触带附近，主要为硅化、角岩化砂岩，部分硅化程度高的形成石英岩玉。平安玉的玉石籽料多产于山沟小河及第四系残坡积层中，以山料居多。山料采出后多呈不规则块状、次棱角状。

平安玉的化学成分以二氧化硅为主，莫氏硬度为6.5～7度，常见颜色以粉红色为主，兼有白、褐、灰、黑等颜色，具有蜡状光泽、玻璃光泽。主要矿物成分为石英，有黏土矿物、白云母、白钛石、褐铁矿等，具粒状结构、浸染状构造，石质致密坚硬，玉质感强，呈半透明状。石料可作玉器雕件。

2018年11月5日，广西质量技术监督局发布地方标准《平安玉》（DB45/T 1873—2018），将恭城彩玉石定名为平安玉。

平安玉，题名“血红雪白”，29厘米×28厘米×8厘米。此石色彩丰富，红、白、黑、黄搭配和谐，如玛瑙般的丰富质感在平安玉中较为少见

平安玉雕件

# 昭平彩玉：青山秀水蕴彩玉

2006 年，在昭平县走马乡思勤江（桂江支流）一带发现一种艳丽多彩的石头，其表面色泽华美多彩，有的殷红如血，有的洁白如玉，有的灿烂如霞，而且形态多样，被昭平赏石爱好者称之为彩蜡石、鸡血石。2010 年，昭平荣获“中国观赏石之乡”称号。

2017 年 12 月 20 日，广西质量技术监督局发布地方标准《昭平彩玉》（DB45/T 1637—2017），于 2018 年 1 月 20 日起实施。

昭平彩玉分为山料、山流水料和籽料，其中山料较丰富，分布于昭平县走马乡的庇江村、黄胆村、佛丁村、福行村一带，以及思勤江和昭平镇至下游的五将镇桂江段。

昭平彩玉母岩为震旦系培地组的石英岩，化学成分以二氧化硅为主，硅化程度高。主要矿物成分为石英、玉髓，含少量高岭石、绢云母、赤铁矿、褐铁矿、白钛石及榍石等。莫氏硬度为 6.5 ～ 7.5 度，密度为 2.60 ～ 2.79 克/ 厘米 $^3$，已达到石英岩玉的质地，具有钻石般的刚性，属上等石英岩玉。常见颜色为红色、黄色，兼有白、黄、褐、灰、黑等颜色，常多色并存。为隐晶质结构、粒状结构，具玻璃光泽、蜡状光泽。石质致密

昭平彩玉，题名“岁月”，23 厘米 ×23 厘米 ×11 厘米。沧桑古朴的石皮上浮现苍劲的纹路，仿佛刻画着岁月的年轮

昭平彩玉，题名“老者”，30 厘米 ×38 厘米 ×18 厘米。此石形如一名老者，俯首负重，踽踽前行

坚硬，石肤水洗度好，手感润泽，可以作为工艺石材。

2013 年，昭平手工艺人李岳购买了一批昭平彩玉石料，其中有块石料有团黑，玉化程度很好，晶莹透亮，黄色、黑色、白色分明，美中不足的是裂纹有些多。工作闲余，李岳常常拿着这块玉石琢磨。琢磨了几天后，他有了灵感，灵感来自许棠的《闻蝉十二韵》："报秋凉渐至，嘶夜思偏清。互默疑相答，微摇似欲行。"于是，他花了四五天时间，以这块玉石为原料，雕刻了半截朽木，朽木上站着一只栩栩如生的鸣蝉，取名"秋蝉"。该作品于 2013 年获中国玉（石）器"百花奖"金奖。

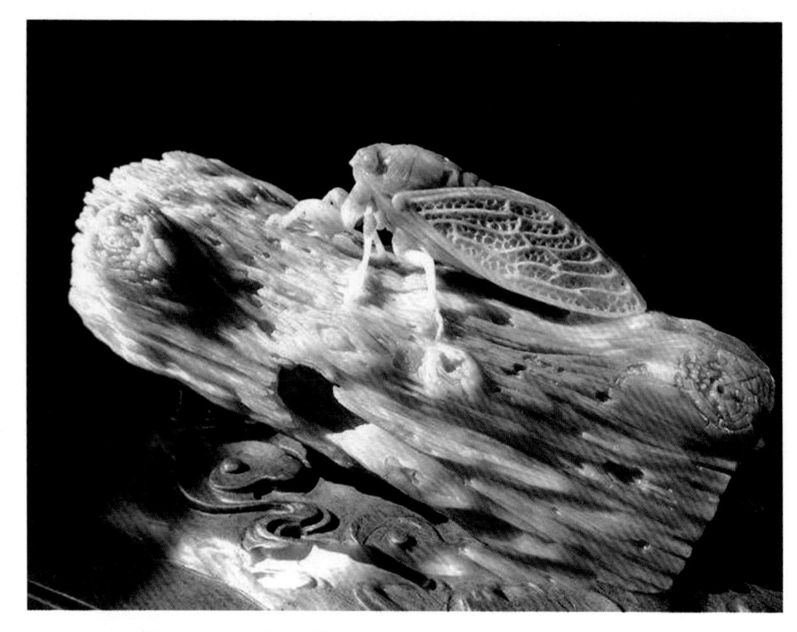

昭平彩玉，题名"秋蝉"，20 厘米 ×10 厘米 ×10 厘米。此为雕件作品，玉材好、创意新、构思巧、造型美、工艺精

昭平彩玉石雕件，25 厘米 ×23 厘米 ×15 厘米

昭平彩玉石雕件，27 厘米 ×15 厘米 ×20 厘米

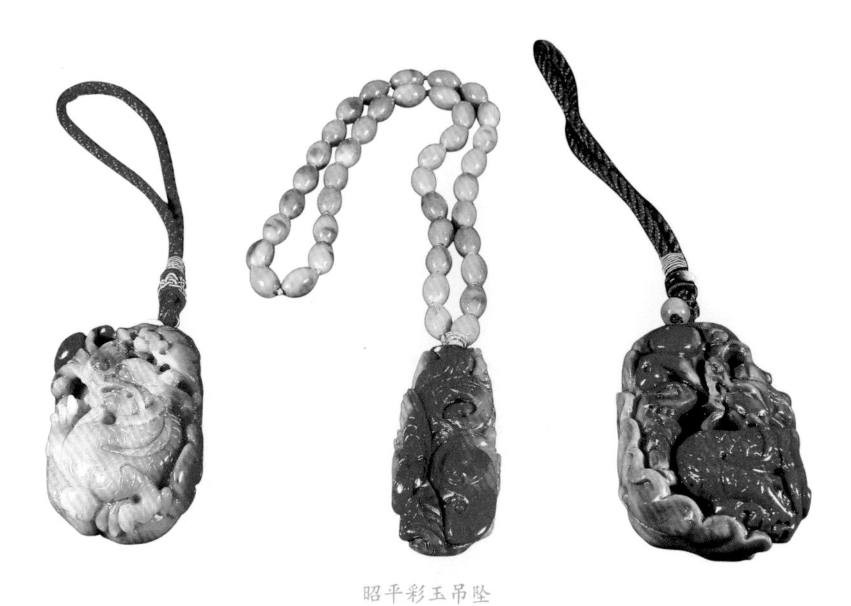

昭平彩玉吊坠

昭平彩玉手玩石

# 磷氯铅矿：八桂大地的“绿宝石”

磷氯铅矿是一种比较稀有的矿物，全世界只有中国、美国、英国和西班牙等国产出过标本级别的磷氯铅矿。中国广西阳朔和恭城产出的磷氯铅矿标本数量最多、质量最好。桂林的磷氯铅矿最早于 1992 年在阳朔铅锌矿的氧化带中被发现，于 2001 年在恭城岛坪铅锌矿的地表氧化带进一步被挖掘，并得到广泛关注。

磷氯铅矿，题名“独秀翠峰”，34 厘米 ×48 厘米 ×22 厘米。此标本产自恭城瑶族自治县岛坪铅锌矿，是所有产出的磷氯铅矿标本中个体最大的一块，为顶级标本；因诱人的翠绿色，形状像桂林王城内的独秀峰而得名

磷氯铅矿分布于桂林境内的海洋山脉，多被发现于南端的恭城瑶族自治县西岭镇岛坪村（属于阳朔老厂铅锌矿床东段）到北面的灵川县境内。磷氯铅矿基岩为灰白－白色石英岩或粉砂岩，发育于铅锌矿层的顶板，是在铅锌矿的氧化带形成的次生矿物；通常呈深绿、黄绿、绿黄、柠檬黄等色，黄色、黄色与绿色之间过渡色的磷氯铅矿与绿色磷氯铅矿晶体结构完全相同，但含有更多的三价铁离子；具松脂－金刚光泽；外形较粗大完整，呈桶状或六方锥形，半透明晶形为六方柱状；单晶直径1～3毫米，高3～8毫米，个别粗晶直径达1厘米，通常形成中空的形状。

磷氯铅矿较稀少，国内目前只有桂林还在产出。由于多呈绿色，因此当地矿工称其为“绿宝石”。与磷氯铅矿共生的矿物晶体还有水磷铝铅矿、白铅矿等，也具有较高的观赏性和收藏价值。

磷氯铅矿矿物晶体的形成，依赖于方铅矿和流淌于大地山脉中富含磷酸盐的水。方铅矿的颜色为灰色，大部分为立方体形状，棱角分明。这主要由其独特的“基因”决定。矿物晶体的“基因”和生物的基因不同，指的是矿物晶体结构，每一种矿物都有其独特的晶体结构。

矿物晶体的组成元素很多，除了碳、氢、氧，几乎包含了元素周期表中的所有元素，但每种不同的矿物晶体都是由相对固定的元素组成的，如方铅矿主要是由硫和铅组成的，一个硫离子旁边有两个铅离子，而另一个铅离子周边有两个硫离子，它们互相交叉，因此形成了立方体、八面体或菱形十二面体等，其中以立方体最为常见。

方铅矿形成于地壳深处，是在熔浆中的铅元素硫化作用形成的，形成后随着地壳抬升，逐渐到了地表。磷氯铅矿除继承方铅矿主要组成中的铅元素外，其余组成元素完全不同，更为复杂。磷氯铅矿的磷、氧和氯主要来自水溶液。

磷氯铅矿，20 厘米 ×20 厘米 ×16 厘米

磷氯铅矿，10 厘米 ×12 厘米 ×10 厘米

磷氯铅矿，5 厘米 ×10 厘米 ×2 厘米

磷氯铅矿，30 厘米 ×22 厘米 ×20 厘米

# 黄华河、运江流域

黄华河，源自广东信宜，流经广西岑溪，到藤县境汇入北流河，至藤县县城附近入浔江，河流总长度约230千米。黄华河流域上游是火成岩及元古宇地层，火成活动使岩石变质，形成金砂玉的原岩（山科），于广东省信宜市洪冠镇一带大片出露为石英岩，硅化程度高的为石英岩玉，即金砂玉的母岩。水料主产于岑溪境内的黄华河。

运江，源自金秀瑶族自治县圣堂山及天堂岭组成的大瑶山中，其主干支流金秀河流往金秀瑶族自治县金秀镇，还有滴水河、古麦河、门头河、大樟河、盘王河等支流于象州县罗秀镇汇集成运江，至象州县运江镇入柳江，全长约111千米。运江流经地段是上古生界泥盆系下统地层，岩性多为砾岩、石英砂岩，以及暗紫色、紫红色石英砂岩，这些砂岩破碎后被搬运至运江，经河水的冲刷、侵蚀形成卵石类，石中有由成岩时不同矿物质不同色组成的细层纹，纹理流畅简洁。主要矿物成分为石英、长石，含铁质，细粒结构，颜色多样，有褐紫色、褐色、褐红色，似紫砂般的石体，当地又称紫砂石。由于水流冲击，冲蚀面不同，造成石体的纹理变化大，既流畅又多变，有眼睛纹、绸缎纹、网络纹、水线纹等；而由于岩石结构较均匀，石体的形态变化不大。

# 金砂玉：金星灵动，釉彩玉润

2007 年 10 月的一天，一批工人在黄华河流域的岑溪市水汶镇金砂村金砂滩建设水电站，河滩上的鹅卵石因此被大批翻了出来，裹满泥浆的鹅卵石堆满了河滩。第二天，工人来到工地时，发现原本裹满泥浆的鹅卵石却在阳光下发出闪闪的金光。原来是因为前一晚下了一场大雨，裹在鹅卵石上的泥土被冲刷干净，使得全身布满点点金光的鹅卵石露出了真容。经检测和测定，这种鹅卵石的莫氏硬度、密度、光折射度等各种元素都达到了玉的标准，于是被定名为金砂玉的新玉种就这样被发现了。

发现金砂玉的金砂滩

金砂玉属石英质玉类，因石体内有金光点点的微粒，在光照下能够折射出闪闪的光辉，故名。金砂玉的原石一般为扁椭圆河卵石状，也有不规则状；颜色有金红色、金黄色、褐黄色，以及多色并存等。经权威部门取样鉴定，其矿物成分为石英96%，白云母3%，褐铁矿1%，莫氏硬度为6～6.5度。石英的颗粒很细，直径为0.1～1.5毫米，颗粒紧密镶嵌，略具定向分布。肉眼能见到的石体内的金光点点，是石体内的组合矿物白云母反射出的光。白云母呈细小鳞片状，不均匀且较为定向分布于石英粒间。

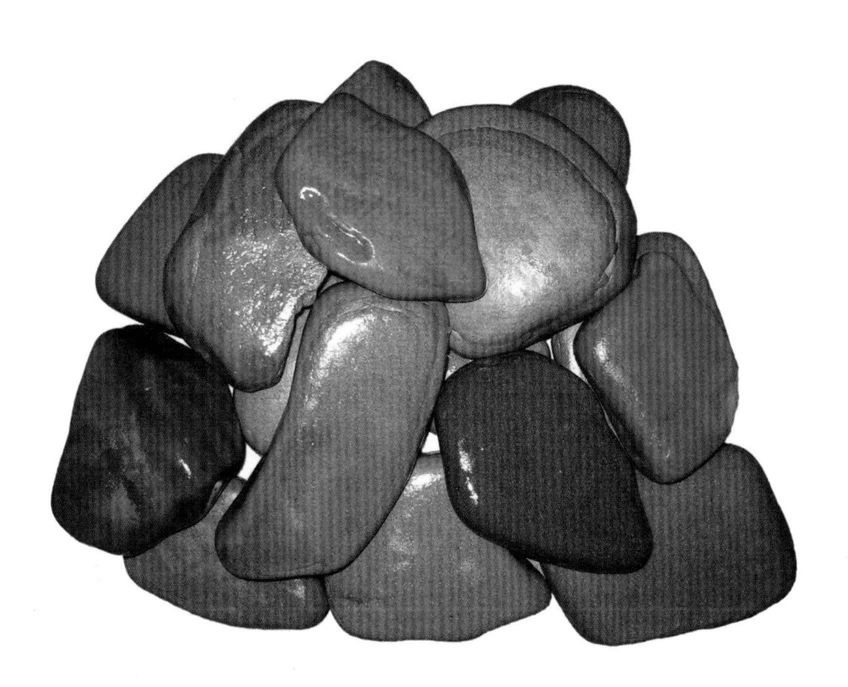

金砂玉原石

经过精湛的石雕工艺雕出的金砂玉作品，具有石性的温润、珍珠的光泽，看上去水头足、玉质感强，似有釉彩润泽；再加上有白云母满布其中，这些白云母由于褐铁矿中铁离子致色而反衬出金色的星点，既增强了石质的润泽感，又使观赏者感觉石中金星灵动，无论从哪个方向观赏，都因为白云母的晶面映出的闪动金星更显韵味无穷。

金砂玉雕件

金砂玉雕件

金砂玉雕件

金砂玉雕件

2016 年 11 月 25 日，广西质量技术监督局发布地方标准《金砂玉》（DB45/T 1404—2016），于 2016 年 12 月 25 日起实施。

由金黄、纯白、艳红三种颜色的金砂玉制成的三款手链。由于金砂玉很少有纯白的玉料，因此这款纯白的手链需从上百块原石精选出来加工而成，颇为难得

# 棋盘石：石都柳州的骄傲

广西柳州有“奇石之都”的美誉。那么，柳州有没有属于自己的特产奇石呢？当然有，而且赫赫有名，那就是棋盘石。

棋盘石，顾名思义，即在方形平整的石面上，笔直如刀刻般的纹理纵横交错，形成大小基本一致的方格，如围棋棋盘一般。

棋盘石分布于柳州市三门江一带。母岩为石英砂岩，沿层面发育的两组垂直节理裂隙，因被铁、锰等矿物质浸染而使表面形成网格构造。石体表层颜色为褐黑色，节理形成的网格为黄色、褐黄色，似棋盘状。一般石体方正，层面平，端庄。

尽管柳州石友多年寻觅，但因产自柳江的棋盘石少之又少，故其几乎绝迹。10 多年前，人们还能在市场看到不少棋盘石，但石形方正、品相好的属少数，大家多嫌其变化小，并不十分在意。而如今能看到的棋盘石已是凤毛麟角，不仅民间收藏的寥寥无几，就连官方收藏和公开展出的也只有柳州奇石馆的两块。

棋盘石，题名“闲敲棋子落灯花”，32 厘米 ×13 厘米 ×28 厘米。此石为民间藏品：四面规整，黑底黄纹，包浆厚重，石面纹理交错，棋盒与黑白棋子都是纯天然的；设计师为棋盘设计的主人形象，斜倚于棋盘旁，宽衣博带，散淡闲适，相约之人不来也不觉焦虑，青灯作伴，闲敲棋子，才是生活的常态，整个画面表现出一种智者悠然自得的人生态度

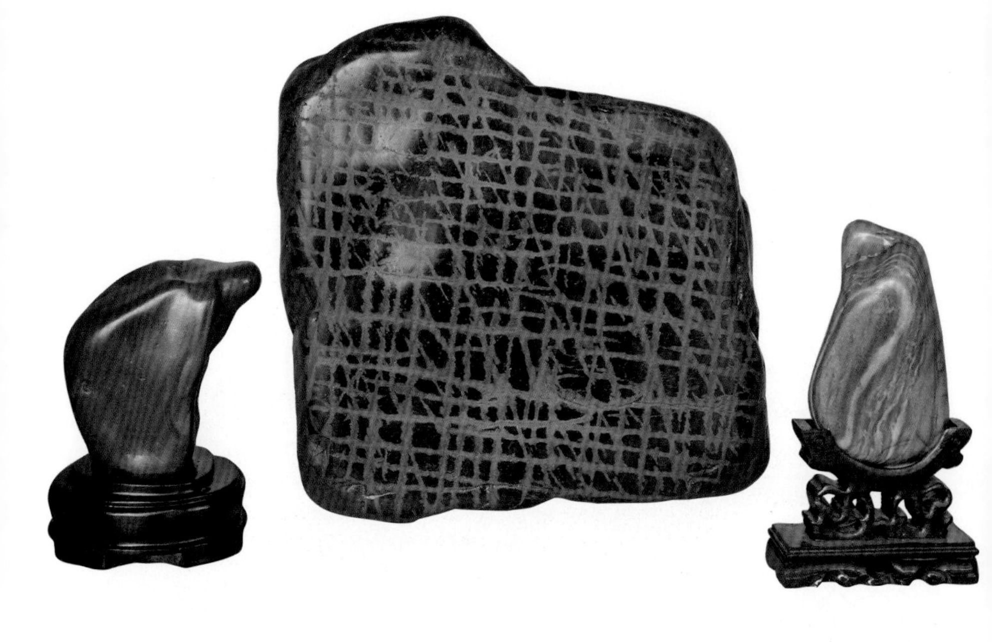

棋盘石（中），大化彩玉石（左、右）；题名“对弈”，10 厘米×14 厘米×5 厘米、25 厘米×26 厘米×14 厘米、7 厘米 ×11 厘米×4.5 厘米。此组石为民间藏品：主石纹理清晰，金黄的格子线条与褐黑色的格子色块色差明显，线条为阴纹，格子为阳纹，富于立体感；棋盘石左右两侧各配了一块人形的大化彩玉石，仿佛两个人在对弈

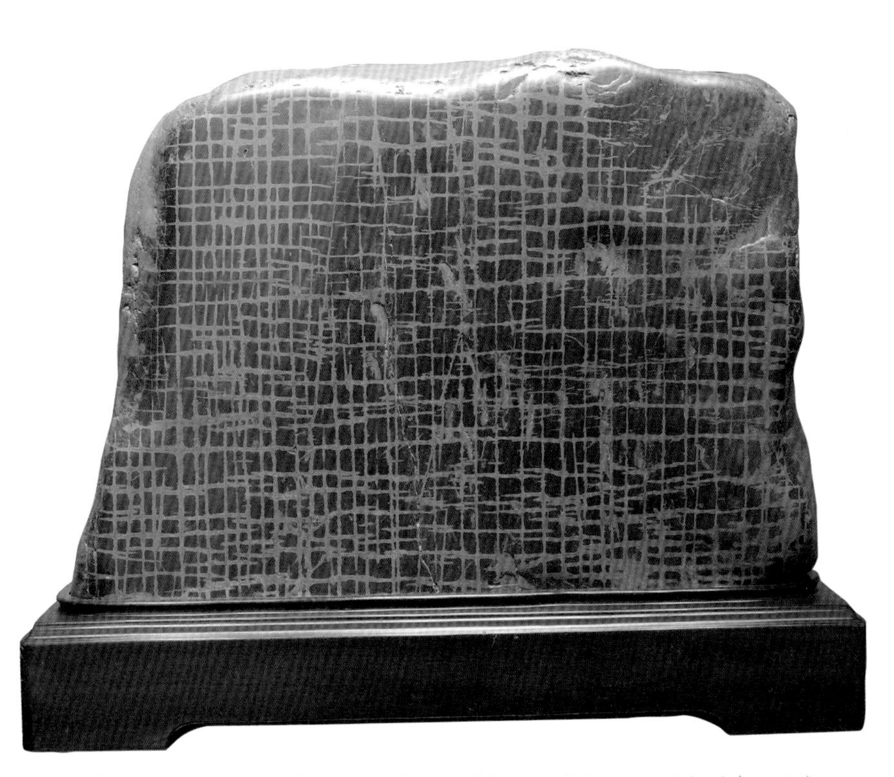

棋盘石，题名“世事如棋”，47 厘米×36 厘米×19 厘米。此石为柳州奇石馆藏品：方正规整，黑底黄纹，石面纹理清晰，交错有序，大部分横竖分明，犹如比着尺子画出来一般，较为罕见

# 运江石：山河间最美的分享

运江石产自来宾市象州县运江镇运江河段，是广西目前极少数还能在河滩上捡拾的有市场价值的奇石石种。每到周末假日，赏石爱好者便来到河滩，体验“淘宝”的乐趣。

柳江与运江交汇处的谢家村（区海平 摄）

运江石的母岩为泥盆系石英砂岩，主要矿物成分是石英、长石，含铁质，属细粒结构、块状构造，石体水洗度好，丰满润泽。莫氏硬度为 5 ～ 5.5 度，密度为 2.5 克 / 厘米$^3$。颜色丰富，多呈红、褐红、青、黄、白、紫、紫褐、黑、褐等颜色，有单色也有多色，如紫砂般的运江石又称紫砂石。在沉积过程中，由于切割和冲刷面不同，因此形成了既流畅又多变的纹理。因岩石结构比较均匀，故运江石外部形态变化不大，有的似卵石形态，丰满，完整度好；有的则形成不同的物象。

紫砂石，题名“虔诚”，30 厘米 ×15 厘米 ×8 厘米。这块刚刚被清洗干净的紫砂石，图纹像一名虔诚祷告的少女

运江古镇始建于汉代，包含甘王圣宫、粤东会馆、岭南书院、千年老街、朱家皇桥、护城明墙、儒士竹林、迎福双亭等。千年老街自北向南，宽约4米，长约300米，为青石板路面，街两边为骑楼。每年农历七月二十八日为甘王诞辰日，当地民间会举办大型祭祀活动，开展游神、唱戏、斗牛、抢花炮、赛龙舟等活动。运江古镇充分吸取了岭南式建筑艺术风格，集中展示了岭南独有的古镇风貌

柳江在即将与红水河汇合流入黔江时，在柳江的最后一站运江古镇河段，留下了又一瑰宝——紫砂石、木纹石、金脉石、黄皮石、运江水玉等。紫砂石分粗砂石、中砂石、细砂石三种，色感静谧；粗砂石表面涩糙，

中砂石不涩不润，细砂石腻滑溜顺；多见元宝、陶罐、古砖、肩包、人物等图案。木纹石分紫纹石、黄纹石、紫黄纹石、紫墨纹石，也分粗、中、细三种，手感同紫砂石；纹理清新，纹线飘逸，纹样丰富，常出眼睛纹、绸缎纹、网络纹、母指纹、水线纹等。金脉石母体多为中粗砂体，黄、白石英脉络纹与石相生，时有图案文字、人物花卉、飞禽走兽、器皿壶罐等珍品出现。黄皮石石肤釉皮光泽，手感滑润，水洗度高，色感富贵。运江水玉近几年才受到关注，人们在寻觅运江石时发现少量墨玉（即运江水玉），其质地温润通透，色感庄穆，可雕琢观赏、把玩，也可用之制作手镯、串珠、挂件等。紫砂石的陶情古意、木纹石的流畅飘逸、金脉石的奇巧妙合，让人陶醉其中，难以自拔……

木纹石，题名“万法归宗”，35 厘米 ×23 厘米 ×15 厘米。此石图纹繁复却有序，线条密集却有条理，画面干净，韵味十足

木纹石，题名“一网情深”，21 厘米 ×21 厘米 ×9 厘米。此石纹路工整有序，石肤润泽，颜色柔和

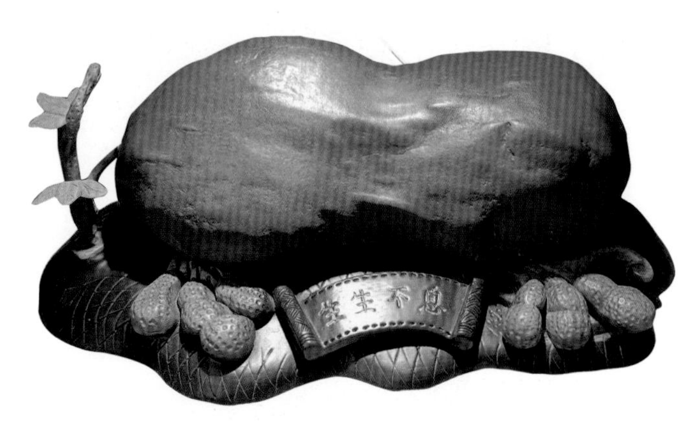

运江石，题名“生生不息”，39 厘米 ×14 厘米 ×12 厘米。此石形似一枚花生，仿佛带着泥土的清香；花生壳上的脉络细节纤毫毕现，让人叹服大自然的鬼斧神工

运江石，题名“寿桃”，47 厘米 ×60 厘米 ×33 厘米。此石石形圆润，石肤光泽，如一枚寿桃，有吉祥的寓意

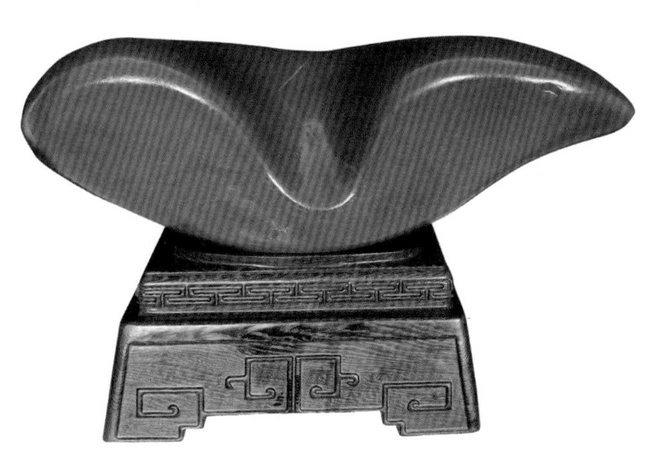

运江石，题名“翅膀”，50 厘米 ×16 厘米 ×26 厘米。此石对称工整，线条流畅，如一对张开的翅膀，展翅翱翔

# 后记

2023 年初，我和韩学龙与广西观赏石协会联系，组织广西观赏石界共 20 多人在桂林召开本书编写研讨会。

我们组织团队先后深入奇石主产地大化、合山、来宾、桂林等地调研、采访，收集各类资料，经过几个月的共同努力，本书终得以完稿。

在本书的编写过程中，我们参考了很多相关文献资料，同时也得到了诸多帮助。各地观赏石协会给予大力支持，各博物馆提供相关资料，吴朋骏、张德林、伍俊、孙全盛、唐少华等参与各采风线路摄影工作，陆舜冬、毛雨贵、张选慧、陈拥军、龚普康、梁秀明、韦敏等参与图片拍摄，赏石人张艺林、秦培新、许梅、周凤梅、覃卫、韦寿年、韦景辽、蒙敬观、黄宏安、黄以明、韦金官、谭宝南、黄绍平、陈实、董少科、谢江、钟义参、侯高生、郭周平、李智、林玲、覃干福、宋云、黄云波、肖剑、兰毅忠、韦全辉、莫光恒、黄晓民、雷红、欧阳伯文、覃哲宁、黄时战、陈琪、黄敬东、黄苗苗、覃哲西、张兵、张昭宇、李可明、劳启洪、周润贵、詹德有、劳雪峰、丁晓光、李志文、李耀刚、唐秀德、张钰棠、梁大有、高津龙、莫雨翼、许肆、马辅然、张国旺、吴健生、陈先明、倪柳达、朱立新、尹如征、李扬、谈柳君、覃国富等提供宝贵资料及采访线索，在此一并致以衷心的感谢！

张士中

2023 年 6 月